无机及分析化学实验

主编　赵丽平

科学技术文献出版社
SCIENTIFIC AND TECHNICAL DOCUMENTATION PRESS
·北京·

图书在版编目（CIP）数据

无机及分析化学实验 / 赵丽平主编. —北京：科学技术文献出版社，2015. 8（2017.9 重印）

ISBN 978-7-5189-0402-0

Ⅰ. ①无… Ⅱ. ①赵… Ⅲ. ①无机化学—化学实验 ②分析化学—化学实验 Ⅳ. ① 061-33 ② 065-33

中国版本图书馆 CIP 数据核字（2015）第 145912 号

无机及分析化学实验

策划编辑：周国臻　　责任编辑：张　丹　　责任校对：张吲哚　　责任出版：张志平

出 版 者　科学技术文献出版社
地　　址　北京市复兴路15号　邮编　100038
编 务 部　（010）58882938，58882087（传真）
发 行 部　（010）58882868，58882874（传真）
邮 购 部　（010）58882873
官方网址　www.stdp.com.cn
发 行 者　科学技术文献出版社发行　全国各地新华书店经销
印 刷 者　虎彩印艺股份有限公司
版　　次　2015 年 8 月第 1 版　2017 年 9 月第 3 次印刷
开　　本　787 × 1092　1/16
字　　数　205千
印　　张　9.25
书　　号　ISBN 978-7-5189-0402-0
定　　价　22.80元

《无机及分析化学实验》编辑委员会

主　　编　赵丽平

副 主 编　马俊义　罗　婧

参编人员（按姓氏拼音为序）

董　翠　李　向　罗　婧　王清美

张艳君　张耀洲

前　言

本书是根据普通本科院校的培养目标，参照农业院校教学大纲的要求，并结合参编人员多年来教学实践经验进行编写的无机及分析化学实验教材，同科学技术文献出版社出版的《无机及分析化学》一书配套使用，也可以单独使用。

全书主要包括五部分内容：无机及分析化学实验基础知识；无机及分析化学实验基本操作技能；无机及分析化学基本操作与无机化学部分实验；分析化学部分实验；综合性实验。为了适应不同院校、不同层次的需要，本书侧重于基础定量分析，同时也紧密结合生物学、农学、食品工程和药学等专业编写了实际样品分析内容。

本书在编写过程中，注意了同高中化学实验内容的衔接，避免了不必要的重复。在实验的选编上，主要侧重于对学生自主探究、独立创新能力的培养，意在充分调动学生学习的积极性。

本实验教材执行法定的计量单位。

参加本书编写的人员有：董翠（第二章）、罗婧（绪论、第四章）、王清美（第一章）、赵丽平（第三、第四、第五章）、张艳君（第五章）、张耀洲（绪论）。附录部分由董翠、罗婧编写，全书最后由李向、马俊义、赵丽平通读、修改、定稿。

本实验教材在编写过程中得到了信阳农林学院各级领导的大力支持，在此一并致谢。

由于编者水平有限，缺点错误在所难免，敬请读者批评指正。

编　者

2015 年 5 月

目　录

绪　论

一、无机及分析化学的性质、任务和作用

无机及分析化学是对无机化学、分析化学课程的基本理论、基本知识进行优化组合而成的一门独立的新课程，是农学、园艺、生物、医药、动物科学、食品科学、植物保护、资源与环境等相关专业必修的第一门化学基础课。它是培养上述几类专业工程技术人才的整体知识结构及能力结构的重要组成部分，同时也是后继化学课程学习的基础。

本课程的基本任务，一是使学生掌握无机及分析化学的基本理论，培养学生运用无机及分析化学的理论去分析处理一般情况下遇到的无机及分析化学问题的能力；二是使学生熟练掌握无机及分析化学实验的基本操作和技能。通过理论教学与实践教学的紧密结合，提高学生分析问题、解决问题的能力，为解决工农业生产与科学研究的实际问题打下一定的基础。

二、无机及分析化学的实验目的

无机及分析化学是实验性很强的学科，其一切的理论都是建立在实验基础之上的，并且其理论上的进步与发展要转化为现实的生产力也需要通过实验环节来实现。因此，我们要从思想上充分认识无机及分析化学实验的重要性。通过实验，使学生在实践中巩固、深入、扩充理论知识；掌握实验基本操作，正确使用无机及分析化学实验中常用的一些仪器，培养重事实、贵精确、求真相、尚创新的科学精神，提高分析问题、解决问题的能力。

三、无机及分析化学实验的基本要求和学习方法

要达到上述实验目的，首先要有端正的学习态度，其次要有正确的学习方法。无机及分析实验课一般有以下 3 个环节：

1. 认真预习

为了能够获得良好的实验效果，在每一次实验课之前，必须要对本实验的内容进行认真预习，对本实验中需要用到的或可能出现的化学物质的理化性质和各种有毒物质的毒性作用及防护方法进行系统查阅，写出简明的预习报告。在预习过程中，要明确 3 个问题：

（1）本实验做什么？（实验名称、类别）

（2）为什么要做本实验？（实验目的、原理）

（3）本实验如何做？（仪器装置、操作步骤、注意事项等）

预习时应该多问一些为什么，对于一时难以理解的内容应该查阅相关资料，带着预习时产生的疑问有针对性的进入实验环节。

2. 认真实验

在教师指导下进行化学实验是实验课的核心环节，也是训练学生正确掌握实验技术，实现化学实验目的的重要手段。在实验过程中，要求做到以下几点：

(1) 对整个实验流程要了然于胸，切勿对着教材做完一步再找下一步，不能在实验做完后感觉到稀里糊涂。

(2) 认真规范操作，细心观察，及时、如实地记录实验现象和数据。

(3) 如果发现实验现象和理论不相符，应该首先尊重实验事实，并认真分析和检查其中的原因，多与同学、指导教师交流、探讨。

(4) 实验中涉及的各类仪器的性能、使用方法、操作技巧等要认真仔细地学习，要注重动手能力的培养。

(5) 实验过程中应该保持肃静，注意安全，严格遵守实验室工作规则。

3. 实验报告

做完实验后，要及时分析实验现象，整理实验数据，将直接的感性认识提高到理性思维层面，完成实验报告。对不同类型的实验，可以有不同形式的实验报告，但都必须以实验事实为依据。实验报告的书写应该简明扼要，一般包括下列几个部分：

(1) 实验目的。

(2) 实验原理：尽量用自己的语言表达，写出化学反应方程式、计算公式。

(3) 主要仪器与试剂：常见的仪器装置要求画图。

(4) 实验步骤和现象：尽量采用表格、框图、化学式、符号等形式清晰明了地表示，避免抄书。

(5) 数据记录与处理：数据记录要求完整、真实。

(6) 结果与讨论：分析实验成败的原因、应该注意的问题，对实验现象进行解释，提出改进意见。

四、无机及分析化学实验的课程内容

本课程教学内容包括：

1. 基本技能实验

内容着重体现在对无机化学基础知识、基本操作技能及化学分析中准确的“量”的训练。通过无机合成、四大平衡滴定分析等实验使学生掌握玻璃仪器的使用、溶液的配制与标定、常压过滤、减压过滤、沉淀分离等基本操作，学会正确使分析天平、酸度计、分光光度计等常规仪器。

2. 综合应用实验

内容意在培养学生的综合能力。通过运用各种原理、方法和知识的综合的训练，培养学生规范、细致、整洁的进行科学实验的良好习惯、实事求是的科学态度以及逻辑思维方法。

第一章　无机及分析化学实验基础知识

第一节　无机及分析化学实验规则及安全知识

一、实验室规则和安全守则

1. 化学实验室规则

实验规则是人们从长期实验室工作中归纳总结出来的，它是防止意外事故，保证实验的良好环境和工作秩序，以及做好实验的重要前提。

(1) 自觉地遵守课堂纪律，维护课堂秩序，不迟到、不早退、不穿拖鞋、不披长发。禁止穿背心、拖鞋进实验室，实验过程中应穿白大褂，衣着应整洁，保持良好形象和秩序。保持室内安静，注意环境卫生。不做与实验无关的事情，不得嬉戏喧哗，实验时应思想集中，情绪安定。

(2) 实验前，应预习实验内容，了解实验目的、原理、步骤和注意事项，并对所用试剂和反应生成物的性能有所了解，了解基本的仪器设备操作，做到心中有数，有条不紊。带预习报告进实验室，实验过程要听从教师的指导，严肃认真地按操作规程进行实验。

(3) 实验开始前，应清点所用玻璃仪器和实验设备，若有破损或缺少的，应提前报告实验老师。小心使用实验仪器，若实验过程中仪器损坏或破损，应如实登记破损情况，按规定进行赔偿。实训结束后，实验室的一切物品都不允许带出实验室，借用物必须办理登记手续。

(4) 注意安全，实验室内严禁吸烟，酒精灯要随用随灭，必须严格做到：火着人在，人走火灭。实验中若发生事故，应沉着冷静、妥善处理，并如实报告指导教师。

(5) 保持实验台面、试剂架的整洁，公用试剂用毕应立即盖紧放回原处，勿使试剂药品洒在实验台面和地上。注意保持药品和试剂的纯净，严防混杂，不得将瓶盖盖错、滴管乱放，以免污染试剂。所有配制的试剂都要贴上标签，注明名称、浓度、配制日期及配制者姓名。节约使用药品、试剂和各种物品。

(6) 使用精密仪器时，应严格遵守操作规程，不得任意拆装和搬动。若发现仪器有故障，应立即停止使用，并及时报告指导老师以排除故障。仪器使用完毕后应做好登记。

(7) 实验过程中要遵守操作规程，对易燃、易爆、剧毒药品更应该严加控制其使用量。使用前应熟悉药品的取用方法和防护知识。

(8) 清洗仪器或实验过程中的废酸、废碱等废液、废纸，或火柴头及其他固体废物和带渣沉淀的废液都应倒入废品缸内，切勿往水槽中乱抛杂物，以免堵塞和腐蚀水槽及水管。

(9) 实验完毕，将试剂排列整齐，实验台面抹拭干净，玻璃仪器洗净放回仪器柜。

(10) 值日生负责实验室的讲台、边台、窗台和地面等公共场所卫生，关闭实验室的水源、仪器电源和门窗等，经指导老师检查同意后方可离开实验室。

2. 实验室安全知识

化学实验要经常使用水、电及各种仪器和易燃、易爆、易腐蚀或有毒的试剂，所以实验室的安全知识尤为重要。

(1) 实验室安全守则

①严禁在实验室内饮食、吸烟，或把食具带进实验室，化学实验药品禁止入口。实验完毕应洗手。不要用湿的手、物接触电源，以免发生触电事故。

②一切涉及有毒的、有刺激性的或有恶臭气味的物质（如硫化氢、氟化氢、氯气、一氧化碳、二氧化硫、二氧化氮、一氧化氮、碘化磷、砷化氢等）的实验，必须在通风橱中进行。一切易挥发和易燃物质（如乙醇、乙醚、丙酮、苯等有机物）的实验，必须在远离火源的地方进行，以免发生燃烧爆炸事故。

③加热试管时，不得将试管口对着自己，也不可指向他人，避免溅出的液体烫伤人。

④稀释浓硫酸时，应将浓硫酸慢慢倒入水中，并不断搅拌，切不可将水倒入浓硫酸中，以免局部过热使液体溅出，引起灼伤。倾注有腐蚀性的液体或加热有腐蚀性的液体时，液体容易溅出，不要俯身向容器直接去嗅容器中溶液或气体的气味，应使面部远离容器，用手把逸出容器的气流慢慢地扇向自己的鼻孔。

⑤取用在空气中易燃烧的钾、钠和白磷等物质时，要用镊子，不要直接用手去接触。氢气（或其他易燃、易爆气体）与空气或氧气混合后，遇火易发生爆炸，操作时严禁接近明火。点燃的火柴用后应立即熄灭，不得随意乱扔。

⑥有毒药品（如重铬酸钾、钡盐、铅盐、砷的化合物、汞的化合物，特别是氰化物）不得进入口内或接触伤口。银氨溶液不能留存，因久置后会变成氮化银，易爆炸。强氧化剂（如氯酸钾、硝酸钾、高锰酸钾等）或强氧化剂混合物不能研磨，否则将引起爆炸。剩余的废液也不能随意倒入下水道，应倒入废液缸或由教师指定的容器里。

⑦金属汞易挥发，会通过呼吸道进入人体，不断积累会引起慢性中毒。所以做金属汞的实验时应特别小心，不得把金属汞洒落在实验台上或地上。若不小心洒落，必须尽可能收集起来，并用硫黄粉撒在洒落汞的地方，让金属汞转变成不挥发的硫化汞。

⑧洗涤的仪器应放在烘箱或气流干燥器内干燥，严禁用手甩干。不得将实验室的化学药品带出实验室。

⑨水、电、煤气一经使用完毕，应立即关闭开关。

(2) 实验室意外事故的处理

①烫伤。若物理烫伤，及时在伤口处抹上烫伤膏；若是化学烫伤，可先用稀 $KMnO_4$ 溶液或苦味酸溶液冲洗灼伤处，再在伤口上涂抹黄色的苦味酸或万花油，切

勿用水冲洗。严重者应立即送往医院。

②割伤。若伤口内有异物，应先将异物取出，再用消毒棉擦净伤口，然后在伤口处涂抹红汞药水或撒上消炎粉后用纱布包扎。

③酸或碱灼伤。若酸灼伤，先用大量水冲洗，然后用饱和 $NaHCO_3$ 溶液或稀氨水冲洗，最后再用水冲洗。若碱灼伤，先用大量清水冲洗，再用约 $0.3\ mol\cdot L^{-1}$ 的 HAc 溶液冲洗；如果碱溅入眼中，则先用硼酸溶液冲洗，再用水冲洗。

④吸入有毒或刺激性气体。不小心吸入氯气或氯化氢等气体时，可吸入少量乙醇和乙醚的混合蒸汽解毒，或者立即到室外呼吸新鲜空气。

⑤起火。若化学试剂引起着火，立即用湿抹布、石棉布或沙子盖灭燃烧物。火势大时可用泡沫灭火器；若电器起火，应先切断电源，用二氧化碳灭火器灭火，切勿用泡沫灭火器，以免触电。

二、实验室中常见有毒物

化学试剂包括有机试剂和无机试剂，其中很多试剂有毒。在实验过程中，有些化学反应会产生新的有毒化学物质，包括有毒气体和烟雾，这些毒物通过呼吸道或皮肤渗透等途径进入人体引起中毒。为了做好防毒和环境保护工作，实验人员应对常见的毒物有一定的了解。

化学实验室常见的我国优先控制的有毒化学品及其性质、毒性和使用注意事项如表 1-1 所示。

表 1-1　实验室部分常见有毒化学品

序号	名称	性质	毒性	使用注意事项
1	溴化乙啶	分子生物学常用染料	强诱变剂、中度毒性	通风橱中配制，接触时需戴手套
2	十二烷基磺酸钠	有毒性和刺激性	有严重损伤眼睛的危险，皮肤吸收可造成损伤	戴好手套和护目镜
3	氯仿	带有特殊气味的无色液体，易挥发	是一种致癌剂，可损害肝、肾及中枢神经系统	操作时须戴合适的手套、口罩和安全眼镜并始终在化学通风橱里进行
4	二苯胺	不溶于水，溶于二硫化碳、苯、乙醚	有毒；口服，大鼠 LD_{50} 为 1120 mg/kg	密闭操作，局部排风；戴防尘面具，穿连体防毒衣，戴橡胶手套
5	叠氮钠		有剧毒，可阻断细胞色素电子转运系统	通风以减少挥发；戴好手套和护目镜，在化学通风橱内操作
6	二硫苏糖醇	很强的还原剂，散发难闻的气味	因吸入、咽下或皮肤吸收而危害健康	使用固体或高浓度储存液时，戴手套和护目镜，在通风橱中操作

续表

序　号	名　称	性　质	毒　性	使用注意事项
7	二甲苯	可燃，高浓度有麻醉作用	吸入，摄入，皮肤吸收可造成伤害	戴好手套和护目镜；在通风橱内操作；始终远离热源和明火
8	甲醇	有毒，可致失明	吸入，摄入，皮肤吸收可造成伤害	戴好手套和护目镜，在化学通风橱内操作
9	考马斯亮蓝	可用蛋白质的测定	吸入，摄入，皮肤吸收可造成损伤	戴好手套和护目镜
10	丙烯酰胺	白色晶体化学物质	一种潜在的神经毒素，可通过皮肤吸收	戴好手套和面罩，通风橱内操作
11	多聚甲醛	有剧毒	吸入，摄入，皮肤吸收可造成伤害，甚至是致命的	戴好手套和护目镜，并始终在化学通风橱内操作
12	丙酮	无色透明液体，易挥发、易燃	作用于中枢神经系统，具有麻醉作用，对肝、肾、胃等可能有损害	戴好手套和护目镜，并始终在化学通风橱内操作
13	苯酚	有剧毒性和高度腐蚀性，可致严重烧伤	吸入，摄入，皮肤吸收可造成伤害	戴好合适的手套和护目镜，在通风橱内操作
14	氢氧化钾	剧毒，溶液为强碱性	吸入，摄入，皮肤吸收可造成损伤	使用时戴好手套
15	过氧化氢	有腐蚀性、毒性	对皮肤有强损害性	戴好手套和护目镜，在通风橱内操作
16	羟胺	有腐蚀性和毒性	对皮肤吸收可造成损伤	戴好手套和护目镜，通风橱内操作
17	三乙胺	有剧毒，易燃	对皮肤、眼睛和上呼吸道有强腐蚀性，皮肤吸收可造成损伤	戴好手套和护目镜，始终在通风橱内操作；远离热源和明火
18	甲醛	有剧毒性和挥发性，也是一种致癌剂	通过皮肤吸收，对皮肤、眼睛、黏膜和上呼吸道有刺激或损伤	避免吸入气体，戴好手套和护目镜；始终在通风橱内操作；远离热源和明火
19	硫酸	高腐蚀性	对黏膜组织、上呼吸道、眼睛和皮肤有极大的损伤，也可造成烧伤	戴好手套和护目镜，通风橱内操作
20	氯仿	一种致癌剂，挥发	刺激眼睛、呼吸道、皮肤和黏膜	戴好手套和护目镜，通风橱内操作

三、实验室中废弃物的处理

实验过程中会产生各种有毒有害的废气、废液和废渣，尽管数量不大，但种类较多且很复杂，仍须经过必要的处理后方能排放。目前我国仅有少数实验室有“三废”处理设施。随着人们环境意识的增强，今后实验室必须加强对实验室“三废”的处理。

1. 实验室常见的废弃物

①无机废酸、废碱　实验对酸碱的使用较为频繁，且用量相对很大，鉴于此我们通常把废酸、废碱分别集中回收保存，然后用于处理其他废弃的碱性、酸性物质。最后用中和法使其 pH 达到 5.8～8.6，如果此废液中不含其他有害物质，则可加水稀释至含盐浓度 5%以下后排放。

②废弃重金属　化学实验中用到的重金属及排放形式为：铬（重铬酸钾，硫酸铬）、汞（氯化汞，氯化亚汞）、铜（硫酸铜）等。以实验室现有的条件，较简便的金属回收方法是利用硫酸铜、氯化汞、硫酸铬等具备直接沉淀性质的试剂将金属离子以氢氧化物的形式沉淀分离。另外，鉴于重铬酸钾毒性较强，通常采取先用废弃的硫酸酸化，再用淤泥还原的方法处理。

③废气　对于无毒害气体，我们采取直接通过通风设施排放；对于有毒害气体，我们针对不同的性质进行处理。例如，对碱性气体（如 NH_3），用回收的废酸进行吸收，对酸性气体（如 SO_2、NO_2、H_2S 等），用回收的废碱进行吸收处理。另外，在水或其他溶剂中溶解度特别大或比较大的气体，只要找到合适的溶剂，就可以把它们完全或大部分溶解掉。对部分有害的可燃性气体，在排放口点火燃烧消除污染。

2. 废弃物处理的基本方法

根据实验室废弃物的特点，应做到分类收集、存放，集中处理。处理方法应简单易操作，处理效率高，不需要很多投资。表 1-2 收集和介绍了一些实验室常见废弃物的处理方法，供大家在实际工作中参考。

表 1-2　实验室废弃物处理的基本方法

处理方法	操作过程
燃烧法	对于实验中废弃的有机溶剂，大部分可以回收利用，少部分燃烧处理；燃烧可能会产生有毒的废气，应配备能够处理有害废气的装置
稀释法	对实验中产生的大量无毒无害的废液，可采用稀释法处理
蒸馏法	废液尽量采用蒸馏法回收利用；若无法回收，可分批少量加以焚烧，勿倒入实验室的水槽
中和法	对酸性或碱性较强的气体，可用适当的用碱或酸进行中和吸收，对浓度较大的含酸或碱的废液，则可利用废碱或废酸相互中和处理，再测 pH 值，加水稀释排出
吸附法	对一些有害气体的外逸和释放，可选用适当的吸附剂；对难以燃烧的有机废液，使废液被充分吸收后，与吸附剂一起焚烧

续表

处理方法	操作过程
水解法	对易水解的有机酸或无机酸的酯类，可加入氢氧化钠或氢氧化钙，在室温或加热条件下水解；水解后，若无毒，再中和稀释后排放
氧化法	可以用适当的氧化剂处理一些具有还原性或还原性较强的物质
沉淀法	此法一般用于处理含有有害金属离子的无机类废液；在废液中加入合适的试剂，使金属离子转化为难溶性的沉淀物，然后过滤，检查滤液后方可排放
萃取法	用与水不相溶的正己烷等挥发性溶剂萃取含水的低浓度有机废液，溶剂分离后，把有机废液进行焚烧
离子交换法	对无机废液，可采用离子交换法，例如对含铅废液的处理，可使用强酸性阳离子交换树脂

第二节　实验室中常用试剂和仪器介绍

一、化学试剂的基础知识

化学试剂（Chemical regent）是进行化学研究、成分分析的相对标准物质，在化学试验、化学分析、化学研究及其他试验中使用的各种纯度等级的化合物或单质。化学试剂是无机及分析化学试验中的物质基础，能否正确选择与使用化学试剂，将直接影响到实验结果的成败。

1. 化学试剂的分类

我国化学试剂产品目前有国家标准（GB）、原化工部标准（HG）和企业标准（QB）三级。有些化学试剂采用了国际标准和国外先进标准。但各级标准都明确规定了化学试剂的质量指标。

随着生产的发展，新型化学试剂还将不断被推出。目前虽没有统一的分类方法，但根据质量标准及用途的不同，可将其分为通用试剂和专用试剂。其详细分类如表1-3所示。

表 1-3　化学试剂的基本分类及其要求

分类		基本要求
通用试剂	一般试剂	实验室最普遍使用的试剂，一般分为优级纯（GR）、分析纯（AR）、化学纯（CP）3个级别，主体成分含量高，杂质含量低
	基准试剂	纯度高、杂质少、稳定性好、化学组分恒定的化合物
	高纯试剂	杂质含量低，主体含量一般与优级纯试剂相当，纯度较高（一般在99.99%以上）

续表

分　类		基本要求
专用试剂	色谱试剂	具有专门用途的试剂，该试剂主体成分含量高，杂质含量低；在特定用途中的干扰杂质成分，只需控制在不致产生明显干扰的限度下即可
	生化试剂	
	光谱试剂	
	分析纯试剂	
	指示剂	

2. 化学试剂的选用

化学试剂的主体成分含量越高，杂质含量越少，则级别越高。选择化学试剂要根据所做实验的具体情况，合理地选择相应级别的试剂。在满足实验要求的前提下，选择试剂的级别就低不就高，既不要超级别造成浪费，也不要随意降低级别而影响实验结果。选用化学试剂应考虑以下几点：

①滴定分析中常用标准溶液，应选择分析纯试剂配制、基准试剂标定。对分析结果精度要求不高的实验，则可用优级纯或分析纯试剂代替基准试剂。

②若所做实验对杂质含量要求较高，应选择优级纯试剂，若只对主体含量要求高，则应选用分析纯试剂。一般无机化学教学实验选用化学纯或分析纯试剂。

③化学试剂的级别必须与相应的纯水及容器相配合。如在精密分析实验中使用优级纯试剂，就需要去离子水和硬质硼硅玻璃与之相配合使用，这样才能达到实验的精度要求。

④仪器分析实验中一般选用优级纯或专用试剂，测量微量成分时应选用高纯试剂。

⑤使用进口化学试剂时，必须按照该试剂的规格、标志，并参照有关化学手册操作。

二、实验中常用仪器介绍

进行无机及分析化学实验，要用到各种仪器。熟悉这些仪器的规格和正确的使用方法非常重要。按仪器的用途，可分为可直接加热的仪器、可间接加热的仪器、盛放物质的仪器、加热仪器、计量仪器、分离仪器、干燥仪器等。以下将分别从这些仪器的主要用途、使用方法和注意事项分类列表介绍（如表 1-4 所示）。

表 1-4　不同仪器的用途和使用注意事项

类别	仪器名称及图示	主要用途	使用方法和注意事项
可直接加热的仪器	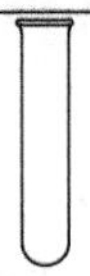 试管	普通试管用作少量试剂的反应容器；收集少量气体；用于沉淀分离	试管中溶液一般不超过其容积的 1/2，加热时不超过容积的 1/3；离心试管不能加热；加热前擦干试管外壁，并用试管夹夹在距试管口的 1/3 处
	 坩埚	熔融或灼烧固体，高温处理样品	根据灼烧物质的性质选用不同材质的坩埚；耐高温，可直接用火加热；铂制品使用要遵守专门说明
	 蒸发皿	蒸发或浓缩溶液，也可用作反应器和用来灼烧固体	能耐高温，但不宜骤冷；一般在铁圈上可直接加热，但需先预热后再提高加热温度
	 燃烧匙	少量固体燃烧反应器	做铁、铜等物质的燃烧实验时要铺细沙
可间接加热的仪器	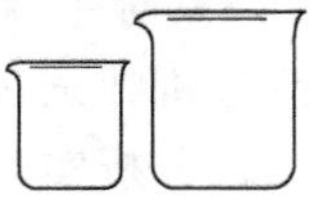 烧杯	配制、浓缩、稀释溶液，也可用作反应器、水浴加热器	加热时垫石棉网，液体不超过其容积的 2/3，不可蒸干
	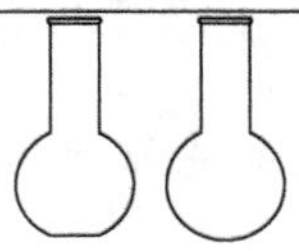 烧瓶	加热或不加热条件下，较多液体参加的反应容器	平底烧瓶一般不用作加热仪器，圆底烧瓶加热时要垫石棉网，或用于水浴加热
	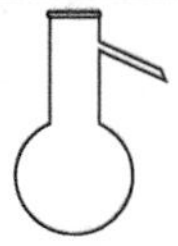 蒸馏烧瓶	液体混合物的蒸馏或分馏，也可用于装配气体发生器	加热时要垫石棉网，或用于水浴加热
	 锥形瓶	滴定反应中的反应器，也可用于收集液体、组装反应容器	加热时要垫石棉网
盛放物质的仪器	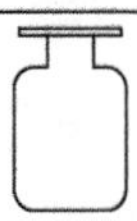 集气瓶	收集气体，装配洗气瓶，气体反应器、固体在气体中燃烧的容器	不能加热，用作固体在气体中燃烧的容器时，要在瓶底加少量水或一层细沙
	 细口瓶	盛放液体试剂	碱性试剂用橡胶塞；见光分解试剂用棕色瓶

续表

类　别	仪器名称及图示	主要用途	使用方法和注意事项
盛放物质的仪器	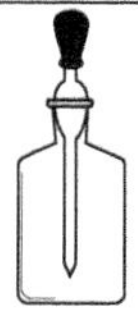 滴瓶	盛放液体试剂	不能用于盛碱性或强氧化性试剂
	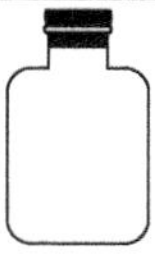 广口瓶	盛放固体试剂	碱性试剂用橡胶塞；见光分解试剂用棕色瓶
计量仪器	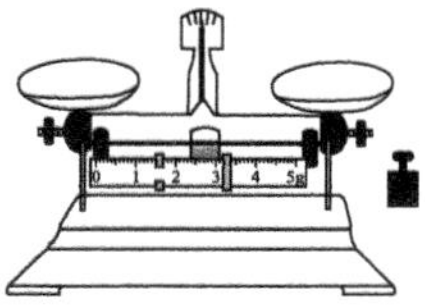 托盘天平	称量固体	用前调平；左物右码；称量垫纸；取砝码用镊子，用完归位
	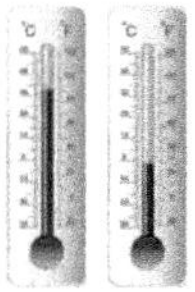 温度计	测量温度	测量温度不能超过量程温度；不同情况注意水银球的位置，冷却后冲洗
	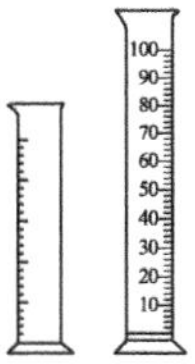 量筒	粗略量取液体体积	不可加热；读数平视；无"0"刻度线，选合适规格减小误差，读数一般读到 0.1 mL
	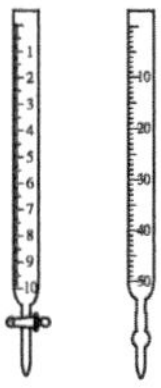 酸碱滴定管	中和滴定（也可用于其他滴定）的反应；可准确量取液体体积，酸式滴定管盛酸性、氧化性溶液，碱式滴定管盛碱性、非氧化性溶液	二者不能互代，使用前要洗净并验漏，先润洗再装溶液，"0"刻度在上方，读数到 0.01 mL
	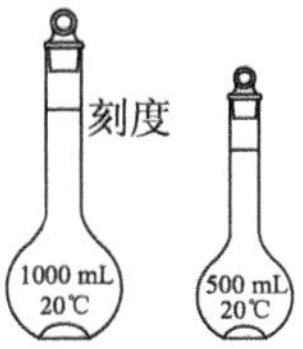 刻度 1000 mL 20℃ 500 mL 20℃ 容量瓶	用于准确配制一定物质的量浓度的溶液	检查是否漏水，要在所标定的温度下使用，加液体用玻璃棒引流，凹液面与刻度线相切，不能长期存放溶液

续表

类　别	仪器名称及图示	主要用途	使用方法和注意事项
分离仪器	长颈漏斗	装配反应器	下端应插入液面下，否则气体会从漏斗口跑掉
	分液漏斗	用于分离密度不同且互不相溶的液体，也可用于组装反应器，以便随时添加液体	使用前先检查是否漏液；放液时打开上盖或将塞上的凹槽对准上口小孔；上层液体从上口倒出
干燥仪器	干燥管	装入固体干燥剂或气体吸收剂	气流大进小出；球体和细管接口处放棉花
	U 型管	装入固体干燥剂或气体吸收剂	常见干燥剂有碱石灰和无水氯化钙
	干燥器	用于存放需保持干燥的物质	在干燥器中冷却可防止冷却时吸水

第三节　实验数据处理

一、有效数字

1. 有效数字位数的确定方法

有效数字由可靠数字和存疑数字两部分组成，是指在具体工作中实际能测量的数字，其位数的表达与测量精度相一致。在使用仪器进行检测时，我们可以依据下述两种方法之一来具体确定有效数字的位数。

①根据仪器的分辨率来确定　此时有效数字的位数除了由仪器的刻度上读取的准确数字外，再估读一位数字。例如，一只 50 mL 的滴定管，其刻度只准确到 0.1 mL，读取时可估计到 0.01 mL。假设我们观察到滴定管中液面位于 15.2 mL 与 15.3 mL 之间，经估计，液体的体积为 15.25 mL，这就是我们读取的有效数字。

②根据仪器测量误差来确定　即测量的绝对误差到哪一个数位，检测结果就读到哪一个数位，为此首先确定测量误差的有效数字。例如，实验室通常使用的台秤的精

密度为 0.1 g，也就是说它的绝对误差是在小数点后一位，因此，称量结果就只能读到小数点后一位；若某物体在台秤上称量得 7.8 g，则该物的质量可表示为（7.8±0.1）g，它的有效数字是 2 位。此外，一般未标精度的仪表误差通常产生在它所显示的数据末位，如万分之一电子天平显示出 2.5634 时，万分位上的 4 是存疑数字，但不是估读数。

2. 有效数字及其运算规则

科学实验要得到准确的结果，不仅要求正确地选用实验方法和实验仪器测定各种量的数值，而且要求正确地记录和运算。实验所获得的数值，不仅表示某个量的大小，还应反映测量这个量的准确程度。一般地，任何一种仪器标尺读数的最低一位，应该用内插法估计到两刻度线之间间距的 1/10。因此，实验中各种量应该采用几位数字，运算结果应保留几位数字都是很严格的，不能随意增减和书写。实验数值表示的正确与否，直接关系到实验的最终结果及它们是否合理。

①有效数字　有效数字就是实验中实际能够测出的数字，其中包括若干个准确的数字和一个（只能是最后一个）不准确的数字。

有效数字的位数决定于测量仪器的精确程度。例如，用最小刻度为 1 mL 的量筒测量溶液的体积为 10.5 mL，其中“10”是准确的数字，“0.5”是估计的数字，有效数字是 3 位。如果要用精度为 0.1 mL 的滴定管来量度同一液体，读数可能是 10.52 mL，其有效数字为 4 位，小数点后第二位“0.02”才是估计值。

有效数字的位数还反映了测量的误差，若某铜片在分析天平上称量得 0.5000 g，表示该铜片的实际质量在（0.5000±0.0001）g 范围内，测量的相对误差为 0.02%，若记为 0.500 g，则表示该铜片的实际质量在（0.500±0.001）g 范围内，测量的相对误差为 0.2%。准确度比前者低了一个数量级。

有效数字的位数是整数部分和小数部分位数的组合，可以通过表 1-5 来说明。

表 1-5　有效数字的位数

序　号	数　字	有效数字位数
1	0.0216	3 位
2	81.32	4 位
3	4.025	4 位
4	6.000	4 位
5	6.00%	3 位
6	3.80×10^{8}	3 位
7	$\lg x=10.00$	2 位
8	pH=1.15	2 位

从上面几个数中可以看到，“0”在数字中可以是有效数字，但也可以不是。当“0”出现在数字中间或有小数点的数字之后时都是有效的数字；当“0”出现在数字的前面时，则只起定位作用，不是有效数字。但如 5000 这样的数字，有效数字位数不好确定，应根据实际测定的精确程度来表示，可写成 5×10^{3}，5.0×10^{3}，5.00×10^{3} 等。对于 pH、$\lg K$ 等对数值的有效数字位数仅由小数点后的位数确定，整数部

分只说明这个数的方次只起定位作用，不是有效数字，如 pH＝3.48，有效数字是 2 位而不是 3 位。

②运算规则　在计算一些有效数字位数不相同的数时，按有效数字运算规则计算，可节省时间，减少错误，保证数据的准确度。加减运算结果的有效数字的位数，应以运算数字中小数点后有效数字位数最小者决定。计算时可先不管有效数字直接进行加减运算，运算结果再按数字中小数点后有效数字位数最小的做四舍五入处理，例如，0.7643、25.42、2.356 三数相加，为 0.7643＋25.42＋2.356＝28.5403⇒28.54；也可以先按四舍五入的原则，以小数点后面有效数字位数最少的为标准处理各数据，使小数点后有效数字位数相同，然后再计算，如上例可为 0.76＋25.42＋2.36＝28.54。因为在 25.42 中精确度只到小数点后第二位，即 25.42±0.01，其余的数再精确到第三位、第四位就无意义了。几个数相乘或相除时所得结果的有效数值位数应与各数中有效数字位数最少者相同，跟小数点的位置或小数点后的位数无关。计算时可以先四舍五入后计算，但在几个数相乘或相除的运算中，在取舍时应保留比最小位数多一位数字的数来运算，如 0.98，1.644，46.4 三个数字连乘应为 0.98×1.64×46.4＝74.57⇒75；先计算后取舍为 0.98×1.644×46.4＝74.76⇒75，两者结果一致。若只取最小位数的数相乘则为 0.98×1.6×46＝72.13⇒72，这样计算的结果误差扩大了。在进行对数运算时，所取对数位数应与真数的有效数字位数相同。例如：lg（1.35×10^{5}）＝5.13。

3. 实验数据的记录与处理

①实验数据记录　实验数据的记录主要包括以下几点：一是应有专门的实验记录本，不得将实验结果随意记在纸片上或其他地方；二是记录结果应用钢笔或圆珠笔，字迹清晰、工整，尽可能使用表格形式；三是记录上要写明实验名称、日期、实验目的、实验原理、实验方法步骤和实验结果等相关信息；四是实验过程中涉及的主要实验仪器或溶液的浓度等信息也应及时准确地记录下来；五是数据的记录应与分析仪器的准确度相一致。

②实验数据的处理　化学数据的处理方法主要有列表法和作图法。

a. 列表法　这是表达实验数据最常用的方法之一。将各种实验数据列入一种设计得体、形式紧凑的表格内，可起到化繁为简的作用，有利于对获得的实验结果进行相互比较，有利于分析和阐明某些实验结果的规律性。作表时要注意以下几个问题：正确地确定自变量和因变量；表格应有序号和简明完备的名称；习惯上表格的横排称为“行”，竖行称为“列”，即“横行竖列”，自上而下为第 1 行、第 2 行……自左向右为第 1 列、第 2 列……表中同一列数据的小数点对齐，数据按自变量递增或递减的次序排列，以便显示出变化规律。

b. 作图法　作图是将实验原始数据通过正确的作图方法画出合适的曲线（或直线），从而形象直观，而且准确地表现出实验数据的特点、相互关系和变化规律，如极大、极小和转折点等，并能够进一步求解，获得斜率、截距、外推值、内插值等。因此，作图法是一种十分有用的实验数据处理方法。

作图法也存在作图误差，若要获得良好的图解效果，首先是要获得高质量的图形。因此，作图技术的好坏直接影响实验结果的准确性。下面就作图法处理数据的一般步骤和作图技术做简要介绍。

一是正确选择坐标轴和比例尺，以自变量为横轴，因变量为纵轴，横、纵坐标原点不一定从零开始，而应视具体情况而定。坐标轴应注明所代表的变量的名称和单位；坐标的比例和分度应与实验测量的精度一致，并全部用有效数字表示，不能过分夸大或缩小坐标的作图精确度；坐标纸每小格所对应的数值应能迅速、方便地读出和计算。一般多采用 1、2、5 或 10 的倍数，而不采用 3、6、7 或 9 的倍数；实验数据各点应尽量分散、匀称地分布在全图，不要使数据点过分集中于某一区域，当图形为直线时，应尽可能使直线的斜率接近于 1，使直线与横坐标夹角接近 45°，角度过大或过小都会造成较大的误差；图形的长、宽比例要适当，比值最高不要超过 3/2。以力求表现出极大值、极小值、转折点等曲线的特殊性质。

二是图形的绘制。在坐标纸上明显地标出各实验数据点后，应用曲线尺（或直尺）绘出平滑的曲线（或直线）。绘出的曲线或直线应尽可能接近或贯穿所有的点，并使两边点的数目和点离线的距离大致相等。这样描出的线才能较好地反映出实验测量的总体情况。

4. 分析结果的实验报告书写

实验报告的书写是一项重要的基本技能训练。它不仅是对每次实验的总结，更重要的是它可以初步地培养和训练学生的逻辑归纳能力、综合分析能力和文字表达能力，是科学论文写作的基础。因此，参加实验的每位学生，均应及时认真地书写实验报告。要求实验报告内容实事求是，分析全面具体，文字简练通顺，誊写清楚整洁。

实验报告内容与格式

1. 实验名称

要用最简练的语言反映实验的内容。如验证某现象、定律、原理等，可写成“验证×××”“分析×××”。

2. 所属课程名称

3. 学生姓名、学号及小组成员

4. 实验日期和地点（年、月、日）

5. 实验目的

目的要明确，在理论上验证定理、公式、算法，并使实验者获得深刻和系统的理解，在实践上，掌握使用实验设备的技能技巧和程序的调试方法。一般需说明是验证型实验还是设计型实验，是创新型实验还是综合型实验。

6. 实验内容

这是实验报告极其重要的内容。要抓住重点，可以从理论和实践两个方面考虑。

这部分要写明依据何种原理、定律算法或操作方法进行实验。

7. 实验设备与材料

实验用的设备和材料。

8. 实验步骤

只写主要操作步骤，不要照抄实验指导，要简明扼要。还应该画出实验流程图（实验装置的结构示意图），再配以相应的文字说明，这样既可以节省许多文字说明，又能使实验报告简明扼要，清楚明白。

9. 实验结果

实验现象的描述，实验数据的处理等。原始资料应附在本次实验主要操作者的实验报告上，同组的合作者要复制原始资料。

对于实验结果的表述，一般有三种方法：

①文字叙述 根据实验目的将原始资料系统化、条理化，用准确的专业术语客观地描述实验现象和结果，要有时间顺序及各项指标在时间上的关系。

②图表 用表格或坐标图的方式使实验结果突出、清晰，便于相互比较，尤其适合分组较多，且各组观察指标一致的实验，使组间异同一目了然。每一图表应有表目和计量单位，应说明一定的中心问题。

③曲线图 使用记录仪器描记出的曲线图，这些指标的变化趋势形象生动、直观明了。

在实验报告中，可任选其中一种方法或几种方法并用，以获得最佳效果。

10. 讨论

根据相关的理论知识对所得到的实验结果进行解释和分析。如果得到的实验结果和预期的结果一致，那么它可以验证什么理论？实验结果有什么意义？说明了什么问题？这些是实验报告应该讨论的。但是，不能用已知的理论或生活经验硬套在实验结果上；更不能由于得到的实验结果与预期的结果或理论不符而随意取舍甚至修改实验结果，这时应该分析其异常的可能原因。如果本次实验失败了，应找出失败的原因及以后实验应注意的事项。不要简单地复述课本上的理论而缺乏自己主动思考的内容。另外，也可以写一些本次实验的心得及提出一些问题或建议等。

11. 结论

结论不是具体实验结果的再次罗列，也不是对今后研究的展望，而是针对这一实验所能验证的概念、原则或理论的简明总结，是从实验结果中归纳出的一般性、概括性的判断，要简练、准确、严谨、客观。

第二章　无机及分析化学实验基本操作技能

第一节　实验基本操作技能训练

一、玻璃仪器的洗涤和干燥

在化学实验中，洗涤玻璃仪器不仅是一个实验前的预备工作，也是一个技术性的工作。仪器洗涤是否符合要求，对分析结果的正确性和精确度均有影响。

1. 玻璃仪器的洗涤

（1）洗涤仪器的一般步骤

①用水洗擦：应用于各种外形仪器的毛刷，如试管刷、瓶刷、滴定管刷等。首先用毛刷蘸水洗擦仪器，用水冲去可溶性物质及刷去表面黏附灰尘。

②用洗涤剂洗擦：针对仪器沾污物的性质，采用不同洗液能有效地洗净仪器。最常用的洗涤剂有肥皂液、洗衣粉、去污粉、洗液、有机溶剂等。

肥皂、肥皂液、洗衣粉、去污粉，用于可以用刷子直接刷洗的仪器，如烧杯、三角瓶、试剂瓶等。

洗液多用于不便使用刷子洗刷的仪器，如滴定管、移液管、容量瓶、蒸馏器等特殊形状的仪器，也用于洗涤长久不用的杯皿器具和刷子刷不下的结垢。用洗液洗涤仪器，是利用洗液本身与污物起化学反应的原理，将污物去除。因此需要浸泡一定的时间使二者充分作用。常见洗液的配制和使用方法如表 2-1 所示。

表 2-1　几种常用的洗涤液

洗液名称	配制方法	使用方法
铬酸洗液	研细的重铬酸钾 20 g 溶于 40 mL 水中，慢慢加入 360 mL 浓硫酸	用于除去器壁上残留的油污，用少量洗液洗擦或浸泡一夜；洗液可重复使用
产业盐酸	浓盐酸或浓盐酸与水按 1∶1 配制	用于洗去碱性物质及大多数无机物残渣
碱性洗液	10%的氢氧化钠水溶液或乙醇溶液	水溶液加热（可煮沸）使用，其去油污效果较好 注意：煮的时间太长会腐蚀玻璃，碱-乙醇洗液不要加热
碱性高锰酸钾洗液	4 g 高锰酸钾溶于水中，加入 10 g 氢氧化钠，加水稀释至 100 mL	洗涤油污或其他有机物，洗后容器沾污处有褐色二氧化锰析出，再用浓盐酸或草酸洗液、硫酸亚铁、亚硫酸钠等还原剂去除

续表

洗液名称	配制方法	使用方法
草酸洗液	5～10 g 草酸溶于 100 mL 水中，加入少量浓盐酸	洗涤高锰酸钾洗液后产生的二氧化锰，必要时加热使用
碘-碘化钾洗液	1 g 碘和 2 g 碘化钾溶于水中，用水稀释至 100 mL	洗涤用硝酸银滴定液后留下的黑褐色沾污物，也可用于擦洗沾过硝酸银的白瓷水槽
有机溶剂	苯、乙醚、二氯乙烷等	可洗去油污或可溶于该溶剂的有机物质，使用时要注意其毒性及可燃性

有机溶剂能溶解油脂，同时又能溶于水且挥发快，常用作洗涤剂。如甲苯、二甲苯、汽油等可以洗油垢，酒精、乙醚、丙酮可以冲洗刚洗净而带水的仪器。

要注意在使用各种性质不同的洗液时，一定要把上一种洗液除去后再使用另一种，以免两种洗液相互作用产生的产物更难除去。洗净的仪器器壁应能被水润湿，无水珠附着在上面。

洗涤后的仪器，经自来水冲洗后，还残留 Ca^{2+}、Mg^{2+} 等离子，如需除掉这些离子，还应用去离子水冲洗 2～3 次，每次用水量一般为所洗涤仪器容积的 1/4～1/3 。

（2）特殊要求的洗涤

在用一般方法洗涤后用蒸汽洗涤是很有效的。有的实验要求用蒸汽洗涤，方法是烧瓶安装一个蒸汽导管，将要洗的容器倒置在上面用水蒸气吹洗。某些痕量金属的分析对仪器要求很高，洗净的仪器还要浸泡在 1∶1 盐酸或 1∶1 硝酸中数小时至 24 h，以免吸附无机离子；然后用纯水冲洗干净。

2. 玻璃仪器的干燥

做实验经常要用到的仪器应在每次实验完毕之后洗净干燥备用。用于不同实验的仪器对干燥有不同的要求，一般定量分析中的烧杯、锥形瓶等仪器洗净即可使用，而用于有机化学实验或有机分析的仪器很多是要求干燥的，有的要求无水迹，有的要求无水。应根据不同要求来干燥仪器。

（1）晾干

不急于使用的，要求一般干燥，可在纯水刷洗后，在无尘处倒置晾干水分，然后自然干燥。可用安有斜木钉的架子和带有透气孔的玻璃柜放置仪器。

（2）烘干

洗净的仪器控去水分，放在电烘箱中烘干，烘箱温度为 105～120 ℃，一般烘 1 h 左右。也可放在红外灯干燥箱中烘干。

此法适用于一般仪器。称量用的称量瓶等烘干后要放在干燥器中冷却和保存。带实心玻璃塞的及厚壁仪器烘干时要留意慢慢升温并且温度不可过高，以免烘裂，量器不可放于烘箱中烘干。硬质试管可用酒精灯烘干，要从底部烘起，把试管口向下，以免水珠倒流炸裂试管，烘到无水珠时，将试管口向上赶净水汽。

（3）用有机溶剂干燥

对于急于干燥的仪器或不适合放进烘箱的较大的仪器可用有机溶剂干燥的办法，通常用少量乙醇、丙酮（或最后再用乙醚）倒进已控去水分的仪器中摇洗控净溶剂

（溶剂要回收），然后用电吹风吹，开始用冷风吹 1～2 min，当大部分溶剂挥发后吹进热风至完全干燥，再用冷风吹残余的蒸汽，使其不再冷凝在容器内。此法要求透风好，防止中毒，不可接触明火，以防有机溶剂爆炸。

二、化学试剂及其取用

1. 化学试剂

化学试剂的纯度较高，根据纯度及杂质含量的多少，可将其分为 4 个等级。我国化学试剂的等级如表 2-2 所示。

表 2-2　我国化学试剂的等级

等　级	应用范围	表示的符号	标签的颜色
一级试剂（保证试剂）	纯度高，杂质极少，主要用于精密分析和科学研究	GR	绿色
二级试剂（分析试剂）	纯度略低于优级纯，杂质含量略高于优级纯，适用于重要分析和一般性研究工作	AR	红色
三级试剂（化学纯试剂）	纯度较分析纯差，但高于实验试剂，适用于工厂、学校一般性的分析工作	CP	蓝色
四级试剂（实验试剂）	纯度比化学纯差，但比产业品纯度高，主要用于一般化学实验，不能用于分析工作	LR	黄色或棕色

化学试剂除上述几个等级外，还有基准试剂、光谱纯试剂及超纯试剂等。基准试剂相当或高于优级纯试剂，专做滴定分析的基准物质，用以确定未知溶液的正确浓度或直接配制标准溶液，其主成分含量一般在 99.95％～100.0％，杂质总量不超过 0.05％。光谱纯试剂主要用于光谱分析中做标准物质，其杂质用光谱分析法测不出或杂质低于某一限度，纯度在 99.99％以上。超纯试剂又称高纯试剂，是用一些特殊设备如石英、铂器皿生产的。

应该根据试剂的特性，选用不同的贮存方法。固体试剂放在广口瓶内，液体试剂装在细口瓶或滴瓶中，见光易分解的试剂（如 $AgNO_3$、$KMnO_4$ 等）则应装在棕色的试剂瓶中，存放碱的试剂瓶要用橡皮塞（或带滴管的橡皮塞）。每个试剂瓶都贴有标签，以表明试剂的名称、纯度或浓度。经常使用的试剂，还应涂一薄层蜡来保护标签。

2. 试剂的取用

（1）固态试剂的取用

固态试剂一般都用药匙取用。药匙的两端为大小两个匙，分别取用大量固体和少量固体。试剂一旦取出，就不能再放回试剂瓶内，应可将多余的试剂放进指定容器。

（2）液态试剂的取用

液态试剂一般用量筒量取或用滴管吸取。下面分别介绍它们的操作方法。

①用量筒量取

量筒有 5 mL、10 mL、50 mL、100 mL 和 1000 mL 等规格。取液时，先取下瓶塞并将其倒放在桌上。一手拿量筒，一手拿试剂瓶（注意试剂瓶上的标签要对手心），然后倒出所需量的试剂。最后斜瓶口在量筒上靠一下，再使试剂瓶竖直，以免留在瓶口的液滴流到瓶的外壁。

②用滴管吸取

先用手指紧捏滴管上部的橡皮乳头，赶走其中的空气，然后松开手指，吸进试液。将试液滴进试管等容器时，不得将滴管插进容器。滴管只能专用，用完后放回原处。一般的滴管一次可取 1 mL，约 20 滴试液。

假如需要更精确地量取液态试剂，可用后面介绍的仪器——滴定管和移液管等。

三、分析试样的采集与制备

1. 试样的采集

在分析实践中，常需测定大量物料中某些组分的平均含量，这就需要我们对试样进行采集。研究或试验的内容不同，对试样的要求也不同，但所取试样必须具有充分的代表性。

通常遇到的分析对象，从形态来分，可分为气体、液体和固体三类，对于不同的形态和不同的物料，应采取不同的取样方法。按其各组分在试样中的分布情况来看，有分布得比较均匀和分布得不均匀两种。

（1）固体试样的采集

固体物料种类繁多，性质和均匀程度差别较大。组成不均匀的物料有矿石、煤炭、废渣和土壤等，组成相对均匀的物料有谷物、金属材料、化肥、水泥等。

①不均匀试样的采集

对不均匀试样，应按照一定方式选取不同点进行采样，以保证所采试样的代表性。取样份数越多越有代表性，但所耗人力、物力将大大增加。应以满足要求为原则。平均试样采取量与试样的均匀程度、颗粒大小等因素有关。通常，试样量可按下面经验公式（切桥特公式）计算：

$$Q = Kd^a,$$

式中：Q——采取平均试样的最小质量，单位为 kg；d——试样中最大颗粒的直径，单位为 mm；K 和 a——经验常数，由物料的均匀程度和易破碎程度等决定，可由实验求得。K 值为 0.05～1，a 值通常为 1.8～2.5。

②均匀试样的采集

对比较均匀的物料，如气体、液体和固体试剂等，可直接取少量分析试样，不需再进行制备。以金属试样为例，一般情况下，金属经过高温熔炼，组成比较均匀，因此，于片状或丝状试样，剪取一部分即可进行分析。钢锭和铸铁，由于表面和内部的凝固时间不同，铁和杂质的凝固温度也不一样，因此，表面和内部的组成不是很均匀。取样时应先将表面清理，然后用钢钻在不同部位、不同深度钻取碎屑混合均匀，作为分析试样。对于那些极硬的样品如白口铁、硅钢等，无法钻取，可用铜锤将其砸碎，再放入钢钵内捣碎，然后再提取其中一部分作为分析试样。

（2）液体试样的采取

常见液体试样包括水、饮料、体液、工业溶剂等，一般比较均匀，采样单元数可以较少。

对于体积较小的物料，可在搅拌下直接用瓶子或取样管取样；装在大容器里的物料，在贮槽的不同位置和深度取样后混合均匀即可作为分析试样；对于分装在小容器里的液体物料，应从每个容器里取样，然后混匀作为分析试样。

对于水样，应根据具体情况，采取不同的方法采样。采取水管中或有泵水井中的水样时，取样前需将水龙头或泵打开，先放水 10～15 min，然后再用干净瓶子收集水样；采取池、江、河、湖中的水样时，首先根据分析目的及水系具体情况选择好采样地点。用采样器在不同深度各取一份水样，混合均匀后作为分析试样。

（3）气体试样的采取

常见气体试样有：汽车尾气、工业废气、大气、压缩气体及气溶物等。亦须按具体情况，采用相应的方法。

最简单的气体试样采集方法为用泵将气体充入取样容器中，一定时间后将其封好即可。但由于气体储存困难，大多数气体试样采用装有固体吸附剂或过滤器的装置收集。固体吸附剂用于挥发性气体和半挥发性气体采样；过滤法用于收集气溶胶中的非挥发性组分。

大气样品的采取，通常选择距地面 50～180 cm 的高度采样、使样品与人的呼吸空气相同。

大气污染物的测定是使空气通过适当吸收剂，由吸收剂吸收浓缩之后再进行分析。对储存在大容器内的气体，因不同部位的密度和均匀性不同，应在上、中、下等不同处采样混匀。

气体试样的化学成分通常较稳定，不需采取特别措施保存。

（4）生物试样的采取

采样时应根据研究和分析需要选取适当部位和生长发育阶段进行，即采样除应注意群体代表性外，还应有适时行和部位典型性。

2. 试样的制备

制备试样分为破碎、过筛、混匀和缩分 4 个步骤：

（1）破碎和过筛

大块矿样先用压碎机（如颚氏碎样机、球磨机等）破碎成小的颗粒，再过筛。分析试样一般要求过 100～200 目筛。

（2）混合与缩分

在样品每次破碎后，用机械（分样器）或人工取出一部分有代表性的试样，继续加以破碎。这样样品量就会逐渐缩小，便于处理，这个过程称为“缩分”。

如果缩分后试样的重量大于按计算公式算得的重量太多，则可连续进行缩分直至所剩试样稍大于或等于最低重量为止。然后再进行粉碎、缩分，最后制成 100～300 g 左右的分析试样，装入瓶中，贴上标签供分析之用。

试样制备完成后，储存于带磨口玻璃塞的广口瓶中，瓶外贴好标签，注明试样名称、来源、采样日期，待用。

四、加热操作和制冷技术

1. 加热操作

(1) 能加热的仪器

加热是常用的实验手段，实验室中能加热的仪器主要有试管、烧杯、烧瓶、蒸发皿、坩埚等。

①试管

用来盛放少量药品、常温或加热情况下能进行少量试剂反应的容器（如图 2-1 所示），可用于制取或收集少量气体。使用注意事项：

a. 可直接加热，用试管夹夹在距试管口 1/3 处；

b. 放在试管内的液体，不加热时不超过试管容积的 1/2，加热时不超过其容积的 1/3；

c. 加热后不能骤冷，防止炸裂；

d. 加热时试管口不应对着任何人；给固体加热时，试管要横放，管口略向下倾斜。

②烧杯

用作配制溶液和较大量试剂的反应容器，在常温或加热时使用（如图 2-2 所示），使用注意事项：

a. 加热时应放置在石棉网上，使其受热均匀；

b. 溶解物质用玻璃棒搅拌时，不能触及杯壁或杯底。

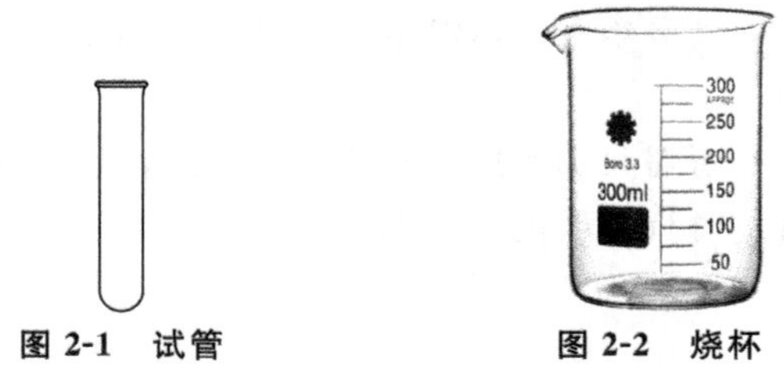

图 2-1　试管　　图 2-2　烧杯

③烧瓶

用于试剂量较大而又有液体物质参加反应的容器，可分为圆底烧瓶、平底烧瓶和蒸馏烧瓶（如图 2-3 所示）。它们都可用于装配气体发生装置。蒸馏烧瓶用于蒸馏，以分离互溶的沸点不同的物质。使用注意事项：

a. 圆底烧瓶和蒸馏烧瓶可用于加热，加热时要垫石棉网，也可用于其他热浴（如水浴加热等）；

b. 液体加入量不要超过烧瓶容积的 1/2。

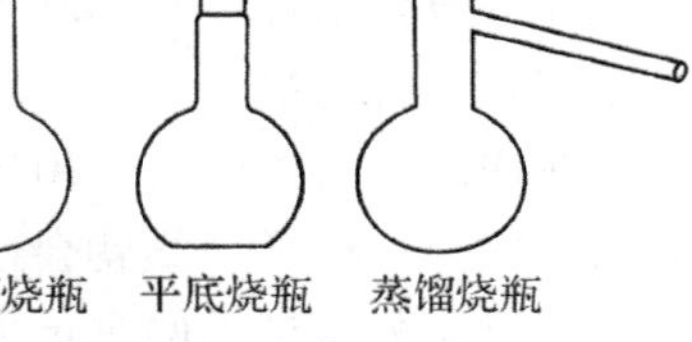

圆底烧瓶　平底烧瓶　蒸馏烧瓶

图 2-3　烧瓶

④蒸发皿

用于蒸发液体或浓缩溶液（如图 2-4 所示）。

使用注意事项：

a. 可直接加热，但不能骤冷；

b. 盛液量不应超过蒸发皿容积的 2/3；

c. 取、放蒸发皿应使用坩埚钳。

⑤坩埚

主要用于固体物质的高温灼烧（如图 2-5 所示）。使用注意事项：

a. 把坩埚放在三脚架上的泥三角上直接加热；

b. 取、放坩埚时应用坩埚钳。

图 2-4　蒸发皿

图 2-5　坩埚

（2）加热设备

实验中一般使用的加热用设备有酒精灯、煤气灯、电加热、水浴和沙浴加热等。

①酒精灯

酒精灯是化学实验时常用的加热热源（如图 2-6 所示）。使用注意事项：

a. 酒精灯的灯芯要平整；

b. 添加酒精时，不超过酒精灯容积的 2/3；酒精不少于酒精灯容积的 1/4；

c. 绝对禁止向燃着的酒精灯里添加酒精，以免失火；

d. 绝对禁止用一只酒精灯引燃另一只酒精灯；

e. 用完酒精灯，必须用灯帽盖灭两次，不可以用嘴去吹；

f. 不要碰倒酒精灯，万一洒出的酒精在桌上燃烧起来，应立即用湿布盖灭。

②煤气灯

a. 构造

煤气灯是实验室中不可缺少的实验工具，种类虽多，但构造原理基本相同（如图 2-7 所示）。煤气灯由灯座和灯管组成。灯座由铁铸成，灯管一般是铜管。灯管通过螺口连接在灯座上。空气的进入量可通过灯管下部的几个圆孔来调节。灯座的侧面有

图 2-6　酒精灯

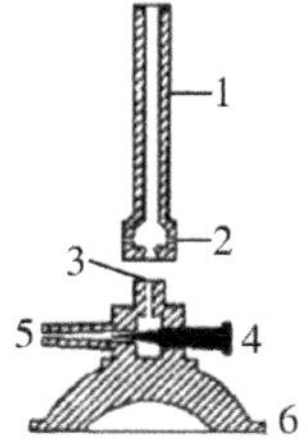

1—灯管；2—空气入口；3—煤气出口；
4—螺旋针；5—煤气入口；6—灯座。

图 2-7　煤气灯的构造

煤气入口，用胶管与煤气管道的阀门连接，在另一侧有调节煤气进入量的螺旋阀（针），顺时针关闭。根据需要量大小可调节煤气的进入量。

b. 使用方法

煤气灯的点燃：向下旋转灯管，关闭空气入口；先擦燃火柴，后打开煤气灯开关，将煤气灯点燃。

煤气灯火焰的调节：调节煤气的开关或螺旋针，使火焰保持适当的高度。这时煤气燃烧不完全并且产生炭粒，火焰呈黄色，温度不高。向上旋转灯管调节空气进入量，使煤气燃烧完全，这时火焰由黄变蓝，直至分为三层，称为正常火焰（如图 2-8 所示）。

焰心（内层）：煤气和空气混合并未燃烧，颜色灰黑，温度低，约为 300 ℃。

还原焰（中层）：煤气燃烧不完全，火焰含有炭粒，具有还原性，称为还原焰。还原焰火焰呈淡蓝色，温度较高。

氧化焰（外层）：煤气完全燃烧，过剩的空气使火焰具有氧化性，称为氧化焰。氧化焰火焰呈淡紫色，温度高，可达 800～900 ℃。

煤气灯火焰的最高温度处在还原焰顶端上部的氧化焰中。实验时，一般用氧化焰来加热，根据需要可调节火焰的大小。

当空气或煤气的进入量调节不合适时，会产生不正常火焰（如图 2-9 所示）。当空气和煤气进入量都很大时，火焰离开灯管燃烧，称为临空火焰。当火柴熄灭时，火焰也立即熄灭。当空气进入量很大而煤气量很小时，煤气在灯管内燃烧，管口上有细长火焰，这种火焰称为侵入火焰。侵入火焰会把灯管烧得很热，应注意，以免烫手。遇到不正常火焰，要关闭煤气开关，待灯管冷却后重新调节再点燃。

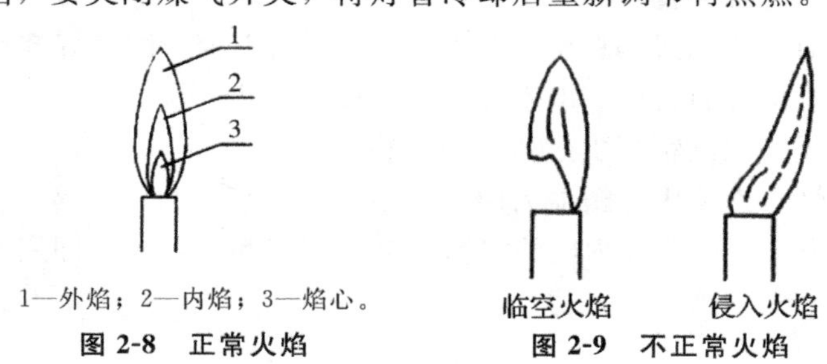

1—外焰；2—内焰；3—焰心。

图 2-8　正常火焰

图 2-9　不正常火焰

c. 注意事项

煤气灯直接加热试管中液体或固体时，用试管夹夹在试管的中部偏上的位置，加热液体时试管略向上倾斜，加热固体时试管略向下倾斜，管口不要对着人，小火缓慢加热，注意安全。

用煤气灯加热烧杯、锥形瓶、烧瓶等玻璃器皿中的液体时，必须放在石棉网上，所盛液体不应超过烧杯容积的 1/2 或锥形瓶、烧瓶容积的 1/3。

加热蒸发皿时，要放在石棉网或泥三角上，所盛液体不要超过其容积的 2/3。

用煤气灯灼烧坩埚或加热固体时，坩埚要放在泥三角上，用氧化焰灼烧。先用小火加热，然后逐渐加大火焰灼烧。注意不要让还原焰接触坩埚底部，以防结炭以致破裂。高温下取坩埚时，要用坩埚钳。先将坩埚钳预热再去夹取坩埚，用后要将坩埚钳的尖端向上平放在实验台上。

③电加热

实验室常用电炉、管式炉、马福炉（如图 2-10 所示）等进行电加热。

电炉可代替煤气灯加热容器中的液体，如果电炉是非封闭式的，应在容器和电炉之间垫一块石棉网，以便溶液受热均匀和保护电热丝。

管式炉利用电热丝或硅碳棒加热，温度可分别达到 950 ℃和 1300 ℃。炉膛中放一根耐高温的石英玻璃管或瓷管，管中再放入盛有反应物的瓷舟，使反应物在空气或其他气氛中受热。

马福炉也是利用电热丝或硅碳棒加热的高温炉，炉膛呈长方体，很容易放入要加热的坩埚或其他耐高温的容器。

管式炉和马福炉的温度用温度控制仪连接热电偶来控制，热电偶是将两根不同的金属丝一端焊接在一起制成的，使用时把未焊接的一端连接在毫伏计正负极上，焊接端伸入炉膛内。温度愈高热电偶热电势愈大，由毫伏计指针偏离零点远近指示出温度的高低。

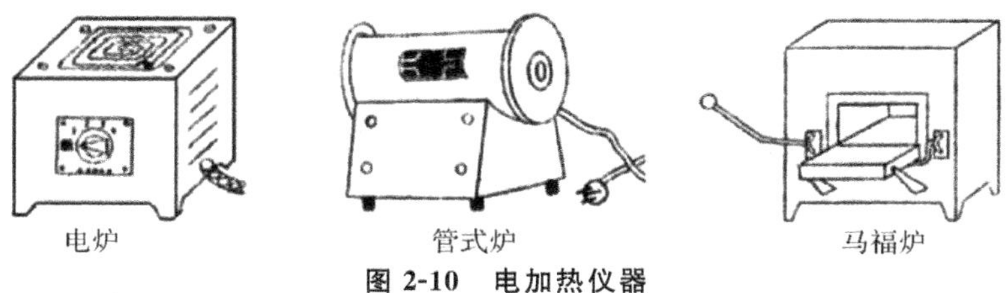

图 2-10　电加热仪器

④水浴和沙浴加热

a. 水浴加热

当被加热物质要求受热均匀且温度不超过 100 ℃时，采用水浴加热。它是通过热水或水蒸气加热盛在容器中的物质。

水浴可以用煤气灯直接加热水浴锅，被加热的容器放在水浴锅的铜圈或者铝圈上。用烧杯盛水并加热至沸代替水浴锅进行水浴加热更为方便（如图 2-11 所示）。

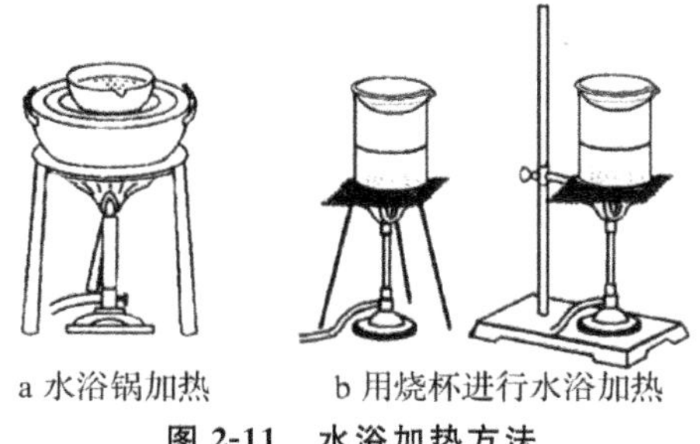

图 2-11　水浴加热方法

实验室经常用恒温水浴箱进行水浴加热（如图 2-12 所示）。恒温水浴箱用电加热，可自动控制温度、同时加热多个样品。水浴箱内盛水不要超过 2/3，被加热的容器不要碰到水浴箱底。

b. 油浴和沙浴加热

当被加热物质要求受热均匀，温度又高于 100 ℃时，可用油浴或沙浴加热。油浴加热与水浴加热方法相似（如图 2-13 所示）。沙浴是在铁制沙盘中装入细沙，将被加热容器下部埋在沙中，用煤气灯或电炉加热沙盘。沙浴温度可达 300～400 ℃。

图 2-12　恒温水浴锅

图 2-13　恒温油浴锅

2. 制冷操作

生化试验中，由于需要对样本进行保护，防止样本变质，通常需要低温处理。

(1) 冰浴

冰浴是常用的方法之一，利用冰在溶解过程中的冷冻混合物（冰盐冷剂）产生低温：

a. 碎冰：－5～0 ℃；

b. 3 份冰＋1 份食盐（质量比例）：－18～－15 ℃；

c. 3 份冰＋3 份结晶氯化钙（$CaCl_2 \cdot 6H_2O$）（质量比例）：－40 ℃；

d. 4 份冰＋5 份结晶氯化钙（质量比例）：－50～－40 ℃；

无论用哪一种冷冻混合物，先决条件是须将冰和盐很好地粉碎，而且要混合均匀。用两种冷冻混合物时，须先将 $CaCl_2 \cdot 6H_2O$ 在冰箱中冷却，才能达到上述温度。

(2) 用升华过程来产生低温

a. 固态二氧化碳（干冰）：－78.9 ℃；

b. 固态二氧化碳＋乙醇：－72 ℃；

c. 固态二氧化碳＋乙醚、氯仿或丙酮：－77 ℃。

由于固态二氧化碳的导热能力很差，应将它混合在一种适当的液体中使用，譬如丙酮、酒精等。三氯乙烯特别合适，因为固体二氧化碳能漂浮在三氯乙烯面上，因此混合物就不会产生泡沫而溢出。但用丙酮做溶剂和干冰混合，干冰溶解快，是比较常用的方法。

(3) 利用蒸发过程产生低温

在实际应用中液氮有一定的优点，它是一种无色、无臭、无味的液体，微溶于水，对热电传导不良，密度稍小于水，不产生有毒或刺激性气体。同时不燃烧亦不自炸，与钠、钙或镁结合，形成氮化物，最冷点为－196 ℃。因此采用液氮有很多优点：

a. 在大气压下沸点较低（－196 ℃），如果配合适当的调节控制系统可获得－37～－196 ℃的任意一个温度；

b. 生产成本低，来源容易；

c. 安全可靠。

(4) 低温仪器制冷

上述几种方法虽然方便，但耗费较多，温度不稳定，不易长时间保持低温。现在一般试验室中常利用低温仪器来制冷。现在市面上有许多实验用低温装置，可以随意调节温度。主要有两大类：一种是压缩机原理，我们生活中所用的冰箱、冰柜等就是基于这类原理。其缺点是体积大、制冷降温慢、噪音大，制冷最低温度一般在－50 ℃以上。另一种是元器件的水循环制冷。这类仪器体积小，制冷迅速。制冷温度可以达到－60 ℃以下，制冷过程中不产生噪声。缺点是用水循环制冷，水量用量大。现在这两种制冷仪器市场上均有，但相比来说，还是第 2 种使用较方便。

五、沉淀与溶液的分离

沉淀操作中应注意沉淀剂的加入和沉淀条件的控制，并确保沉淀完全。溶液与沉淀的分离方法有 3 种——倾析法、过滤法、离心分离法。

1．倾析法

当沉淀的比重较大或结晶颗粒较大，静置后能较快沉降至容器底部时，就可以用倾析法进行沉淀的分离和洗涤。

方法是把沉淀上部的清溶液沿玻棒小心倾入另一容器内（如图 2-14 所示），然后往盛沉淀的容器内加入少量洗涤剂，进行充分搅拌后，让沉淀下沉，倾去洗涤剂。重复操作 3 次即可将沉淀洗净。

图 2-14　倾析法过滤

2．过滤法

常用的过滤法有常压过滤、减压过滤和热过滤等。

（1）常压过滤

先把一个圆形或方形滤纸对折两次成扇形，展后呈圆锥形，使其与漏斗密合，若不密合应适当改变滤纸折起的角度，然后用少量蒸馏水润湿滤纸（如图 2-15 所示）。采取倾析法，先将上层清液小心沿玻棒（靠在滤纸层多的一边）缓慢倒入漏斗内（不超过滤纸的 2/3）。转移完后，用少量洗液清洗沉淀且充分搅拌、沉降。如此反复 3 次以上，把沉淀转入滤纸上，最后再把盛沉淀的容器洗 3 次，每次均转移到漏斗中去。为提高洗涤效率，应采取少量多次的原则。

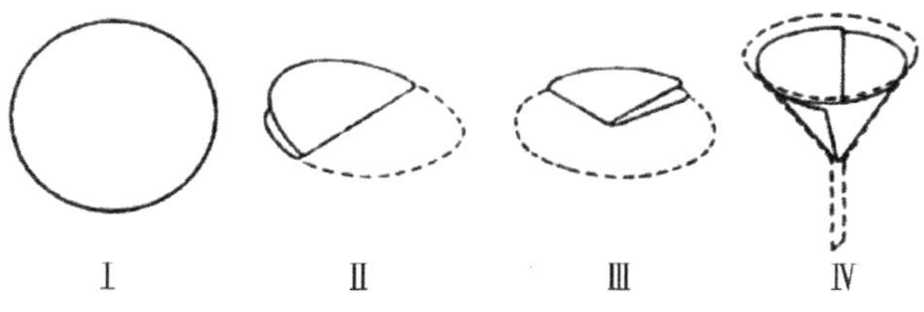

图 2-15　滤纸折叠法

（2）减压过滤（抽吸或抽气过滤）

减压过滤装置是由吸滤瓶、布氏漏斗、安全瓶和抽气泵（水泵）4 个部分组成（如图 2-16 所示）。布氏漏斗是带有许多小孔的瓷漏斗，要安装在橡皮塞上，橡皮塞塞进吸滤瓶的部分一般不超过橡皮塞高度的 1/2；安全瓶安装在吸滤瓶和水泵之间，为防止由于水泵产生溢流而被吸入吸滤瓶中，其长管接水泵，短管接吸滤瓶；布氏漏斗的颈口与吸滤瓶的支管相对，便于吸滤。过滤时，先稍开水泵装置，使滤纸紧贴漏斗上，然后采取倾析法将溶液转入漏斗中，再将沉淀转移到滤纸中间，每次加入量不

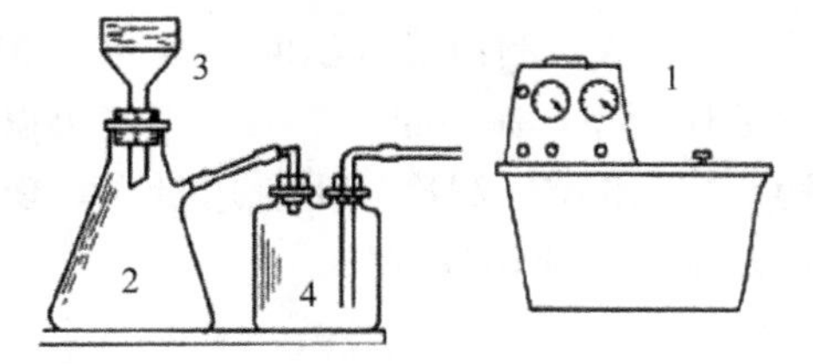

1—抽气泵；2—吸滤瓶；3—布氏漏斗；4—安全瓶。

图 2-16　减压过滤装置

超过漏斗容量的 2/3，开大抽空量抽吸，并用玻棒将沉淀铺平，继续抽吸至比较干燥：洗涤沉淀时，应先拔掉与吸滤瓶相连的橡皮管，然后停止水泵，加入洗涤剂，接上减压装置，先稍开，最后大开，尽量吸干。重复操作，直至符合要求。抽滤完后，一定要先拔掉吸滤瓶支管上的橡皮管，再关闭水泵。

（3）热过滤

如果溶液受到冷却而又不希望这些溶质留在滤纸上，就需要进行热过滤。过滤时，把玻璃漏斗放在铜制的热漏斗内，并不断加热，使液体保持一定的温度。热过滤时，应选用短颈玻璃漏斗。过滤少量溶液时，亦可将漏斗放在水浴上或烘箱中加热，然后立即使用。

3. 离心分离法

不能用一般的过滤法分离沉淀时，可采取离心分离法。此法常用的仪器是电动离心机（如图 2-17 所示）。其操作是将盛有沉淀和溶液的离心管放入离心机的试管套内，为保持平衡，在与此对称的另一试管套内也放一支盛有等体积水的离心管，盖上离心机盖子，将离心机变速器放置至最低挡开动，再逐渐加速，运转 1～2 min 关闭离心机，让其自然停止。任何情况下都不允许用高速挡起动和强制停止。离心沉降后，取出离心管，用一干净吸管小心吸出清液，用 2～3 倍于沉淀量洗涤液洗涤沉淀，充分摇动，再进行离心分离。如此操作 2～3 次。

图 2-17　离心机

六、溶解与结晶

1. 溶解

溶解试样最常用的方法有溶解法和熔融法。

溶解法通常按照水、稀酸、浓酸、混合酸的顺序逐一尝试处理，找出能够完全溶解的实验条件。

用试剂溶解试样时，加入溶剂时应先把装有试样的烧杯适当倾斜，然后把量筒嘴靠近烧杯壁，让溶剂慢慢沿杯壁流入，以防杯内溶液溅出而损失。溶剂加入后，用玻璃棒搅拌，使试样完全溶解。对溶解时会产生气体的试样，则应先用少量水将其润湿成糊状，用表面皿将烧杯盖好，然后再用滴管将试剂自杯嘴逐滴加入，以防生成的气体将粉状的试样带出。对于需要加热溶解的试样，应注意控制加热的温度和时间，加热时要盖上表面皿以防止溶液剧烈沸腾和飞溅；若需长时间加热，应防止将溶液蒸干，因为许多物质脱水后很难再溶解。加热后要用蒸馏水冲洗表面皿和烧杯内壁，冲洗时也应使水沿杯壁流下。在整个加热过程中，盛放试样的烧杯要用表面皿盖上，以防脏物落入。放在烧杯中的玻璃棒，不要随意取出，以免溶液损失。

对于用浓酸仍不能溶解的物质可以考虑采用熔融法，即用固体熔剂在较高温度下使其在熔融状态与试样发生反应，然后再使用合适的溶剂和方法，使熔融后的产物溶解。

2. 结晶

（1）结晶

在溶液中，溶质形成晶体的过程叫结晶。结晶是利用物质在同一溶剂中溶解度不同，进行固体之间分离提纯的过程。结晶的方法一般有蒸发结晶、升温结晶、冷却结晶等。

①蒸发结晶：通过蒸发或气化，减少一部分溶剂，使溶液达到饱和而析出晶体。蒸发结晶适用于溶解度随温度变化不大的溶质，杂质在加热蒸发过程中仍为不饱和溶液。其后续操作一般为趁热过滤。

②升温结晶：升高温度使晶体从溶液中析出。此法主要用于溶解度随温度升高而降低的物质。

③冷却结晶：主要用于溶解度随温度下降而明显减小的物质。先蒸发、浓缩，再降温使物质由于温度的较大变化而析出。

（2）重结晶

重结晶是使不纯物质通过重新结晶而获得纯化的过程，它是提纯固体的重要方法之一。把待提纯的物质溶解在适当的溶剂中，滤去不溶物后进行蒸发浓缩，浓缩到一定浓度时，经冷却就会析出溶质的晶体。当晶体一次所得物质的纯度不合要求时，可以重新加入尽可能少的溶剂溶解晶体，经蒸发后再进行结晶。

第二节　实验中常用仪器简介

一、分析天平的操作和使用

分析天平是定量分析工作中最重要、最常用的精密称量仪器。每一项定量分析都直接或间接地需要使用分析天平，而分析天平称量的精确度对分析结果又有很大的影响，因此，我们必须了解分析天平的构造、性能和原理，并掌握正确的使用方法，避免因天平的使用或保管不当影响称量的精确度，从而获得准确的称量结果。

1. 分析天平的称量原理

分析天平是根据杠杆原理设计而成（即支点在力点之间）。将质量 M_1 的物体和质量为 M_2 的砝码分别放在天平的左右盘上，L_1 和 L_2 分别为天平两臂的长度。当达到平衡时，有 $F_1L_1=F_2L_2$

F_1 和 F_2 是地心对称量物和砝码的吸引力，即两者的重量。等臂天平 $L_1=L_2$，所以 $F_1=F_2$，即 $M_1\text{g}=M_2\text{g}$，故 $M_1=M_2$，从砝码的质量就可以知道被称物体的质量（习惯上称为重量）。

2. 分析天平的分类

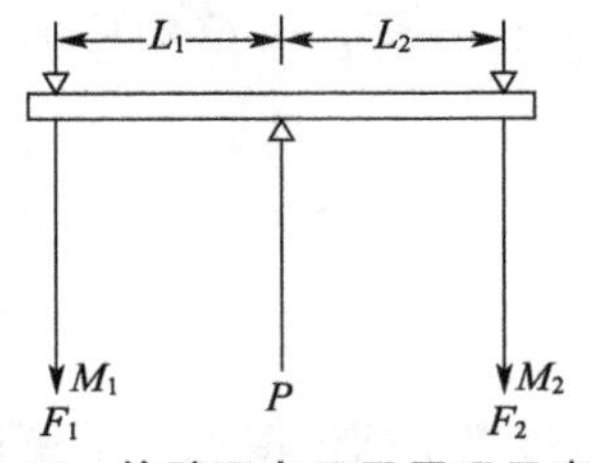

图 2-18 等臂双盘天平原理示意图

根据分析天平的结构特点，可分为等臂（双盘）分析天平（如图 2-18 所示）、不等臂（单盘）分析天平和电子天平三类，它们的载荷一般为 100～200 g。有时又可以根据分度值的大小，分为常量分析天平（0.1 mg/分度）、微量分析天平（0.01 mg/分度）和超微量分析天平（0.01 mg/分度或 0.001 mg/分度）。常用分析天平的规格、型号如表 2-3 所示。

表 2-3 常用分析天平的规格型号

种类	型号	名称	规格
双盘天平	TG328A TC328B	全机械加码电光天平 半机械加码电光天平	200 g/0.1 mg 200 g/0.1 mg
单盘天平	DT-100A TG-729B	单盘电光天平 单盘电光天平	100 g/0.1 mg 160 g/0.1 mg
电子天平	ALl04 FAl604	上皿式电子天平 上皿式电子天平	110 g/0.1 mg 160 g/0.1 mg

3. 分析天平的结构

(1) 双盘半机械加码电光天平

半机械加码电光天平的构造如图 2-19 所示。

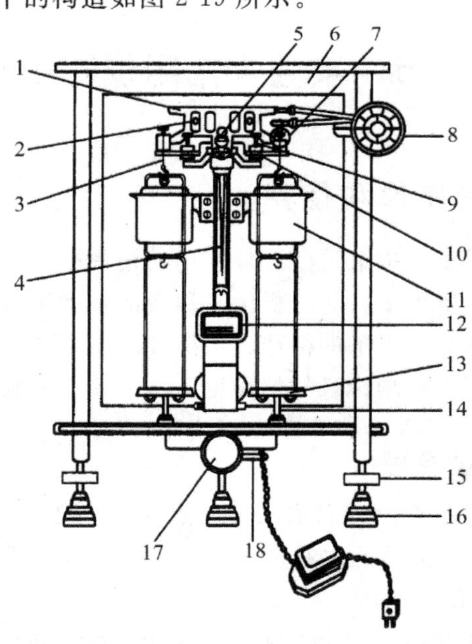

1—横梁；2—平衡螺丝；3—吊耳；4—指针；5—支点刀；6—框罩；7—圈码；8—指数盘；9—承重刀；10—折叶；11—阻尼筒；12—投影屏；13—秤盘；14—盘托；15—螺旋脚；16—垫脚；17—升降旋钮；18—调屏拉杆。

图 2-19 双盘半机械加码电光天平

①天平横梁

天平横梁部分包括天平横梁本身、支点刀、承重刀、平衡螺丝、重心螺丝、指针及微分标尺等部件。天平的横梁是天平的主要部件，通常由铝铜合金制成。梁上装有3个三棱形的玛瑙刀，其中一个装在正中的称为支点刀，刀口向下；两侧为承重刀，刀口向上。3个刀口必须平行，且在同一水平面上。天平启动后，支点刀口承于固定在立柱上的玛瑙支点刀承上，承重刀口与吊耳支架下面的玛瑙刀承相接触。平衡螺丝可水平进退，用它来调节天平的零点。重心螺丝可以上下活动，用以调节横梁的重心，从而改变天平的灵敏性和稳定性。重心螺丝在检定天平时已经调节好，使用时不要随便调动。指针用来指示平衡位置，在指针下端固定一个透明的小标尺，标尺上有刻度，通过光学装置放大即能看清。

②立柱

立柱是金属做的中空圆柱，下端固定在天平底座中央。立柱的顶端镶嵌玛瑙刀承，与支点刀相接触。立柱的上部装有能升降的托梁架，关闭天平时它托住天平横梁，使刀口与刀承分开以减少磨损。中空部分是升降枢纽控制升降枢杠杆的通路。立柱的后上方装有水平仪，用来指示天平的水平位置（气泡处于圆圈中央时，天平处于水平位置）。

③悬挂系统

这一系统包括吊耳、天平盘和阻尼器。在横梁两端的承重刀上各悬挂一个吊耳，吊耳的上钩挂有砰盘，左盘放称量物，右盘放砝码。吊耳的下钩挂有空气阻尼器内筒。阻尼器由两个圆筒组成，外筒固定在立柱上，开口朝上；内筒比外筒略小，开口朝下，挂在吊耳上。两筒间隙均匀，无摩擦，当横梁摆动时，阻尼器的内筒上下移动，由于筒内空气的阻力，天平横梁很快停止摆动而达到平衡。吊耳、秤盘和阻尼器上一般都刻有“Ⅰ”“Ⅱ”标记，安装时要分左、右配套使用。

④天平升降枢纽

升降枢纽位于天平底板正中，它连接托梁架、盘托和光源开关。天平开启时，顺时针旋转升降枢开关，托梁架下降，梁上的3个刀口与相应的刀承接触，使吊钩及砰盘自由摆动，同时接通了电源，投影屏上显示出标尺的投影，天平进入工作状态。停止称量时，关闭升降枢，则横梁、吊耳和盘托被托住，刀口与刀承分开，光源切断，屏幕黑暗，天平进入休止状态。

⑤机械加码装置

转动指数盘，可使天平右梁吊耳上加10～990 mg圈形砝码。指数盘上刻有圈码的质量值，内圈为10～90 mg组，外圈为100～900 mg组。

⑥天平箱

为保护天平，防止尘埃的落入、温度的改变和周围空气的流动等对天平的影响，天平应安装在天平箱（天平框罩）中。天平箱左、右和前方共有3个可移动的门，前门可上下移动，平时不打开，只是在天平安装、调试时，才能打开；左、右两侧门供取放砝码和称量物之用。

天平箱下有3个脚，前面两个是供调整天平水平位置的螺丝脚，后面一个是固定的。3只脚都放在脚垫中，以保护桌面。

⑦砝码

每台天平都附有一盒配套使用的砝码。为便于称量，砝码的大小有一定的组合规律。通常采用5、2、2*、1组合，即为100 g、50 g、20 g、20 g、10 g、5 g、2 g、2 g、1 g，共9个砝码，并按固定的顺序放在砝码盒中。面值相同的砝码，其实际质量可能有微小的差别，其中的一个做出 * 标记，以示区别。为了减少误差，在同一实验的称量中，应尽量使用同一砝码。取用砝码时，应使用镊子，用完及时放回盒内并盖严。

⑧光学读数装置

天平的光学读数装置包括变压器、灯泡、微分标尺和光幕等部分。指针下端装有微分标尺，光源通过光学系统将微分标尺上的分度线放大，再反射到光幕上，从光幕上可看到标尺的投影。投影屏中央有一条垂直标线，它与标尺投影的重合位置即天平的平衡位置，可直接读出0.1～10 mg以内的数值。天平箱下的投影屏调节杆可将光屏在小范围左右移动，用于细调天平的零点。

(2) 双盘全机械加码电光天平

双盘全机械加码电光天平构造如图2-20所示。

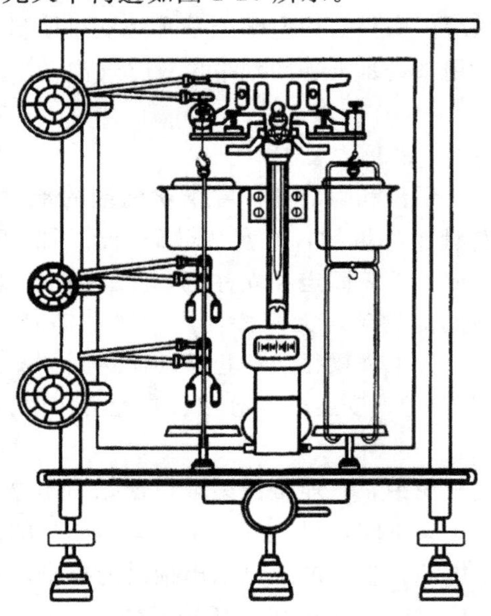

图 2-20 双盘全机械加码电光天平

此种天平与半机械加码电光天平的结构基本相同，不同之处是增加了两套机械加码器，以实现全部机械加码。这种天平的被称物放在天平的右盘，机械加码放在左盘。微分标尺的刻度是左为正、右为负。

(3) 不等臂单盘天平

不等臂单盘电光天平的构造如图2-21所示。

这种天平只有一个秤盘，天平载重的全部砝码都悬挂在秤盘的上部，横梁的另一端装有平衡锤和阻尼器与秤盘平衡。称量时，将称量物放在盘上，减去适量的砝码，使天平重新达到平衡，减去的砝码的质量即为称量物的质量。它的数值大小直接反映在天平前方的读数器上，10 mg以下的质量仍由投影屏上读出。此种天平由于称量物和砝码都在同一盘上称量，不受臂长不等的影响，并且总是在天平最大负载下称量，因此，天平的灵敏度基本不变。所以是一种比较精密的天平。

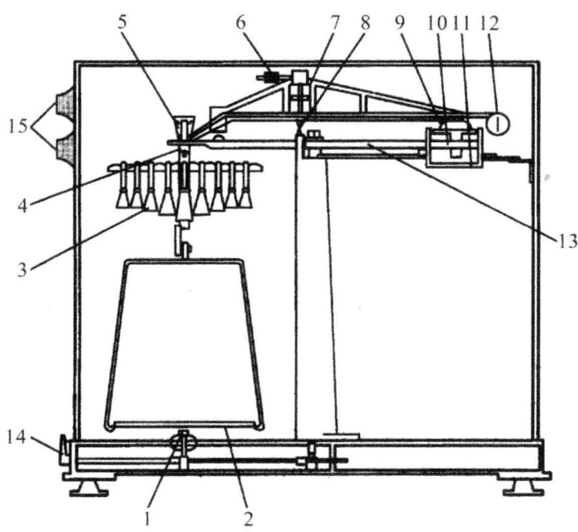

1—盘托；2—秤盘；3—砝码；4—挂钩；5—承重刀；6—平衡螺丝；7—重心螺丝；8—支点刀；9—空气阻尼片；10—平衡锤；11—空气阻尼筒；12—微分刻度板；13—横梁支架；14—升降枢旋钮；15—砝码旋钮。

图 2-21　单盘电光天平

（4）电子天平

电子天平是近年发展起来的最新一代天平。它是根据电磁力补偿原理，采用石英管梁制成的。可直接称量，全量程不需砝码，放上被称物后，几秒钟内即达到平衡，显示读数，称量速度快，精度高。它的支承点用弹性簧片，取代机械天平的玛瑙刀口，用差动变压器取代升降枢装置，用数字显示代替指针刻度。因而，具有使用寿命长、性能稳定、操作简便和灵敏度高等特点。此外，电子天平具有自动校正、自动去皮、超载指示、故障报警等功能及具有质量电信号输出功能，还可与打印机、计算机联用，进一步扩展其功能，如统计称量的最大值、最小值、平均值和标准偏差等。

电子天平按结构可分为上皿式和下皿式电子天平。秤盘在支架上面为上皿式，秤盘在支架下面为下皿式。目前，广泛使用的是上皿式电子天平（如图 2-22 所示）。尽管电子天平的种类很多，但使用方法大同小异，具体操作方法可以参看各种仪器使用说明书。

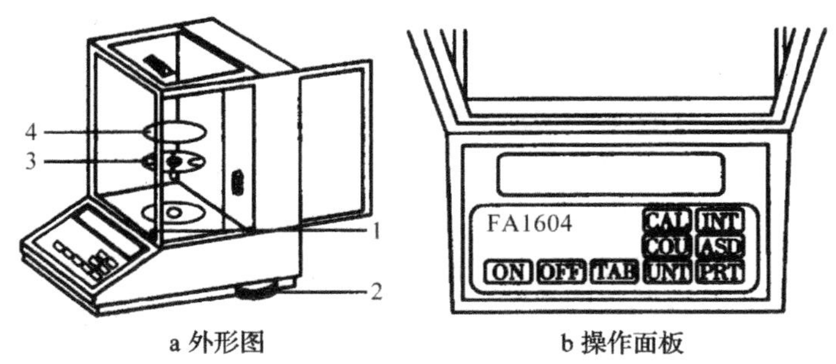

a 外形图　　**b 操作面板**

1—水平仪；2—水平调节脚；3—托盘；4—秤盘。

ON—开启显示器键；OFF—关闭显示器键；TAR—清零；去皮键；CAL—校准功能键；INT—积分时间调整键；COU—点数功能键；ASD—灵敏度调整键；UNT—量制转换键；PRT—输出模式设定键。

图 2-22　电子天平

4. 分析天平的性能指标

分析天平的性能指标主要有灵敏度、稳定性、示值变动性和不等臂性。

(1) 分析天平的灵敏度

①灵敏度的表示方法

分析天平的灵敏度是指在天平一侧盘上增加 1 mg 质量所引起天平指针偏转的程度，它反映天平能察觉出称量盘上物体质量改变的能力。灵敏度的单位为“分度/mg”。实际工作中常用灵敏度的倒数——分度值（或称感量）来表示天平的灵敏程度，分度值（感量）就是使天平平衡位置在微分标尺上产生一个分度的变化所需要的质量（毫克数），分度值越小，灵敏度越高。例如双盘半机械加码天平的灵敏度为 10 分度/mg，则分度值（感量）为 0.1 mg/分度，即称量盘上 0.1 mg（0. 0001 g）的质量改变，天平就能察觉出来。因此，这类天平称为万分之一天平。

②影响灵敏度的因素

天平的灵敏度 S 与天平臂长 L、横梁重 W、支点与横梁重心的距离 h 有以下关系：

$$S=\frac{L}{Wh}。 \tag{1}$$

由上式可知，在天平的臂长和梁重固定的情况下，灵敏度与支点到横梁重心的距离 h 成反比，即重心越高，h 越小，灵敏度越高；重心越低，h 越大，则灵敏度越低。因此可通过调节天平横梁的重心螺丝，调节天平的灵敏度。

实际上，天平灵敏度的改变还与天平的 3 个刀口的质量有关。若刀口锋利，天平摆动时刀口摩擦小，灵敏度高；若刀口缺损，无论如何调节重心螺丝，也不能显著提高天平的灵敏度。因此，使用天平时，应特别注意保护刀口，勿使其受损，在加减砝码和取放被称量物体时，必须关闭天平。

③天平灵敏度的测定

调节好天平零点后，关闭天平，在左侧天平盘上放置已校准的 10 mg 片码或圈码，开启天平，标尺移至（100±2）分度范围内为合格。若不合格应调节重心螺丝，使灵敏度达到规定的要求。调节重心螺丝时，会引起天平零点的改变，故应重新调节零点再测定灵敏度。

(2) 分析天平的稳定性和示值变动性

稳定性是指平衡中的横梁经扰动离开平衡位置后，仍自动恢复原位的性能。根据物理学稳定平衡的原理，天平稳定的条件是横梁的重心在支点下方，重心越低则越稳定。示值变动性是指在不改变天平状态的情况下多次开关天平，天平平衡位置的重复性而言。稳定性只与天平横梁的重心位置有关，示值变动性不仅与横梁的重心位置有关，还与气流、震动、温度及横梁的调整状态等有关，即示值变动性包括稳定性。

天平的示值变动性实际上也表示称量结果的可靠程度。天平的精确度不仅取决于灵敏度，还与示值变动性有关，提高天平横梁的重心可以提高灵敏度，但也使示值变动性加大，因此单纯提高灵敏度是没有意义的。两者在数值上应保持一定的比例关系。

(3) 分析天平的不等臂性

双盘电光天平的支点刀与两个承重刀之间的距离，不可能完全相等，总有微小差异，由此引起的称量误差称为分析天平的不等臂性误差。其检验方法如下：

调节天平零点后，将两个相同质量的 20 g 砝码分别放在天平的两个称量盘上，打开天平，读取停点 L_1。关闭天平，将两个砝码互换位置，打开天平，再读取停点 L_2。计算天平不等臂性误差（x）的简单公式为

$$x=\frac{|L_1+L_2|}{2}, \tag{2}$$

规定 $x \leqslant 0.4$ mg，即为合格。否则需请专门人员进行修理。

实际工作中，如果使用同一台天平，分析天平的不等臂性误差可以消除。

5. 分析天平的使用规则和称量方法

（1）分析天平的使用规则

分析天平是精密的称量仪器，正确地使用和维护，不仅能够快速、准确地称量，而且还能保证天平的精度，延长天平的使用寿命。

①分析天平应安放在室温均匀的室内，并放置在牢固的台面上，避免震动、潮湿、阳光直接照射，防止腐蚀气体的侵蚀。

②称量前先将天平罩取下叠好，放在天平箱上面，检查天平是否处于水平状态，天平是否处于关闭状态，各部件是否处于正常位置。砝码、环码的数目和位置是否正确。用软毛刷清刷天平，检查和调整天平的零点。

③称量物必须干净，过冷和过热的物品都不能在天平上称量（会使水汽凝结在物品上，或引起天平箱内空气对流，影响准确称量）。不得将化学试剂和试样直接放在天平盘上，应放在干净的表面皿或称量瓶中；具有腐蚀性的气体或吸湿性物质，必须放在称量瓶或其他适当的密闭容器中称量。

④天平的前门主要供安装、调试和维修天平时使用，不得随意打开。称量时，应关好两边侧门。

⑤旋转升降枢旋钮时必须缓慢，轻开轻关。加减砝码和取放称量物时，必须关闭天平，以免损坏玛瑙刀口。

⑥取放砝码必须用镊子夹取、严禁手拿。加减砝码应遵循“由大到小，折半加入，逐级试验”的原则。称量物和砝码应放在天平盘中央。指数盘应一挡一挡慢慢转动，防止圈码跳落碰撞。试加砝码和圈码时应慢慢半开天平，通过观察指针的偏转和投影屏上标尺移动的方向，判断加减砝码或称量物，直到半开天平后投影屏上标线缓慢且平稳时，才能将升降枢旋钮完全打开，待天平达平衡时，记下读数。称量的数据应及时记录在实验记录本上，不得记录在纸片上或其他地方。

⑦天平的载重不应超过天平的最大载重量。进行同一分析工作，应使用同一台天平和相配套的砝码，以减小称量误差。

⑧称量结束，关闭天平，取出称量物和砝码，清刷天平，将指数盘恢复至零位。关好天平门，检查零点，将使用情况登记在天平使用登记本上，切断电源，罩好天平罩。

⑨如需搬动天平时，应卸下天平盘、吊耳、天平梁，然后搬动。短距离搬动，也应尽量保护刀口，勿使其震动受损。

（2）称量方法

实验中根据不同的称量对象和不同的天平，需采用不同的称量方法和操作步骤。就机械天平而言，常用的几种称量方法如下：

①直接称量法

此法用于称量洁净干燥、不易潮解或升华的固体试样。调节天平零点后，将称量物放置于天平盘中央，按从大到小的顺序加减砝码或圈码，使天平达到平衡，所得读数即为称量物的质量。

②固定质量称量法

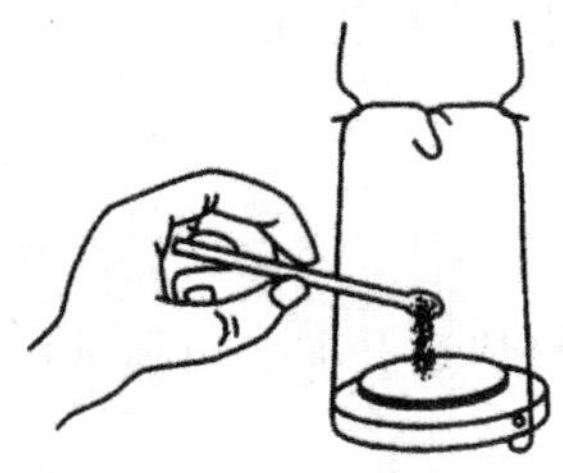

图 2-23　固定质量称量法

此法用于称取不易吸水、在空气中能够稳定存在的粉末状或小颗粒试样。先按直接称量法称取盛放试样的空容器质量，在已有砝码的质量上再加上欲称试样质量的砝码，然后用药匙将试样慢慢加入容器中，直至天平达到平衡（如图 2-23 所示）。

③递减称量法

又称减重称量法，常用于称取易吸水、易氧化或易与 CO_2 反应的物质。该方法称出试样的质量不要求固定的数值，只需在要求的称量范围内即可。将适量试样装入干燥洁净的称量瓶中，用洁净的小纸条套在称量瓶上（如图 2-24 a 所示），将称量瓶放于天平称量盘上，在天平上称得质量为 m_1 g，取出称量瓶，于盛放试样容器的上方（如图 2-24 b 所示），取下瓶盖，将称量瓶倾斜，用瓶盖轻敲瓶口，使试样慢慢落入容器中，接近所需要的重量时，用瓶盖轻敲瓶口，使粘在瓶口的试样落下，同时将称量瓶慢慢直立，然后盖好瓶盖。再称称量瓶质量为 m_2 g。两次质量之差，就是倒入容器中的第一份试样的质量。按上述方法可连续称取多份试样。

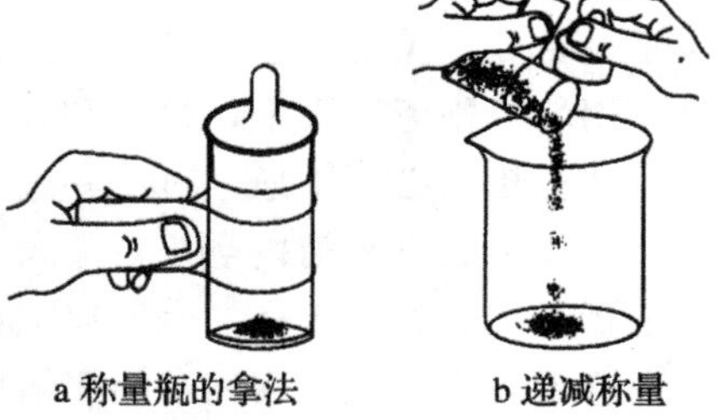

a 称量瓶的拿法　　b 递减称量

图 2-24　递减称量法

第一份试样质量＝（m_1-m_2）g；

第二份试样质量＝（m_2-m_3）g；

第三份试样质量＝（m_3-m_4）g。

二、量度仪器的使用及注意事项

1. 液体体积的量度仪器

（1）量筒

量筒是量度液体体积的仪器。规格以所能量度的最大容量（mL）表示，常用的有 10 mL、25 mL、50 mL、100 mL、250 mL、500 mL、1000 mL 等（如图 2-25 a 所示）。外壁刻度都是以 mL 为单位，10 mL 量筒每小格表示 0.2 mL，而 50 mL 量筒每小格表示 1 mL。可见量筒越大，管径越粗，其精确度越小，由视线的偏差所造成的读数误差也越大。所以，实验中应根据所取溶液的体积，尽量选用能一次量取的最小规格的量筒。分次量取也能引起误差。如量取 70 mL 液体，应选用 100 mL 量筒。量筒读数到小数点后一位。

①量筒的使用方法

a. 把液体注入量筒

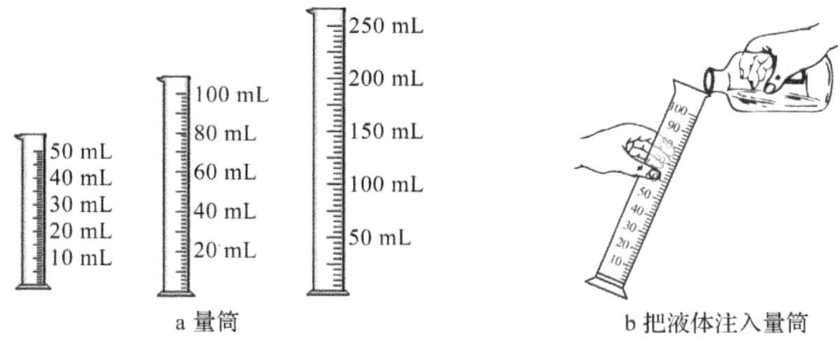

图 2-25　量筒及量筒的使用方法

向量筒里注入液体时，应用左手拿量筒，使量筒略倾斜，右手拿试剂瓶，使量筒瓶口紧挨着量筒口，使液体缓缓流入（如图 2-25 b 所示）。待注入的量比所需要的量稍少时，把量筒放平，改用胶头滴管滴加到所需要的量。

b. 量筒的刻度面对自己

量筒没有“0”的刻度，一般起始刻度为总容积的 1/10。不少化学书上的实验图，量筒的刻度面都背着人，这很不方便。因为视线要透过两层玻璃和液体，若液体是浑浊的，就更看不清刻度。所以刻度面对着人比较好。

c. 读取液体的体积数

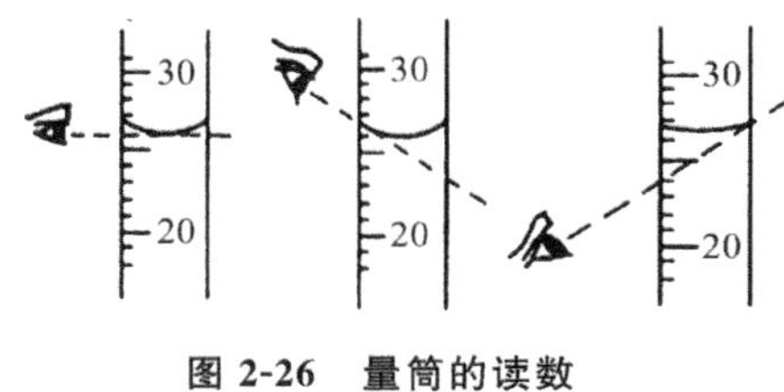

图 2-26　量筒的读数

把量筒放在平整的桌面上，注入液体后，静置 1～2 min，使附着在内壁上的液体流下来，再读出刻度值。否则，读出的数值偏小。观察刻度时，视线与量筒内液体的凹液面的最低处保持水平，再读出所取液体的体积数。否则，读数会偏高或偏低。

②注意事项

a. 不能做反应容器；

b. 不能加热（量筒面的刻度是指温度在 20 ℃时的体积数。温度升高，量筒发生热膨胀，容积会增大）；

c. 不能稀释浓酸、浓碱；

d. 不能储存药剂；

e. 不能量取热的溶液；

f. 不能用去污粉、清洗剂粉末以免刮花刻度。

（2）容量瓶

容量瓶主要用于准确地配制一定浓度的溶液。它是一种细长颈、梨形的平底玻璃瓶，配有磨口塞。瓶颈上刻有标线，当瓶内液体在所指定温度下达到标线处时，其体积即为瓶上所注明的容积数（如图 2-27 所示）。

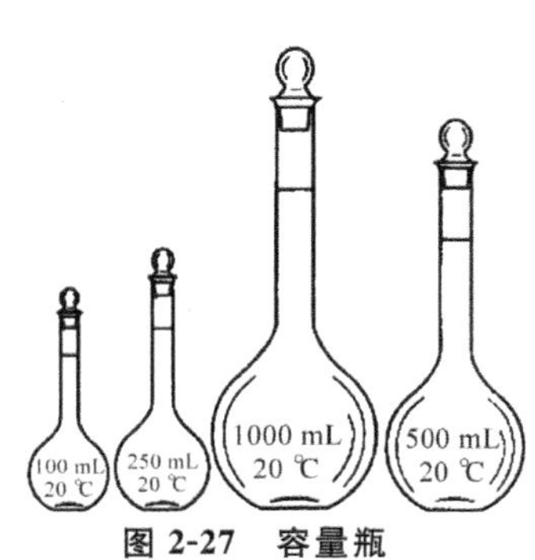

图 2-27　容量瓶

使用容量瓶配制溶液的方法是：

①使用前检查瓶塞处是否漏水（新购入的容量瓶清洗后检查）。具体操作方法是：在容量瓶内装入半瓶水，塞紧瓶塞，用右手食指顶住瓶塞，左手五指托住容量瓶底，将其倒立（瓶口朝下），观察容量瓶是否漏水。若不漏水，将瓶正立且将瓶塞旋转180°后，再次倒立，检查是否漏水（如图2-28所示）。若两次操作，容量瓶瓶塞周围皆无水漏出，即表明容量瓶不漏水。经检查不漏水的容量瓶才能使用。

②把准确称量好的固体溶质放在烧杯中，用少量溶剂溶解。然后把溶液转移到容量瓶里（如图2-29所示）。为保证溶质能全部转移到容量瓶中，要用溶剂多次洗涤烧杯，并把洗涤后的溶液全部转移到容量瓶里。转移时要用玻璃棒引流。方法是将玻璃棒一端靠在容量瓶颈内壁上，注意不要让玻璃棒其他部位触及容量瓶口，防止液体流到容量瓶外壁上。加入适量溶剂后，振摇，进行初混。

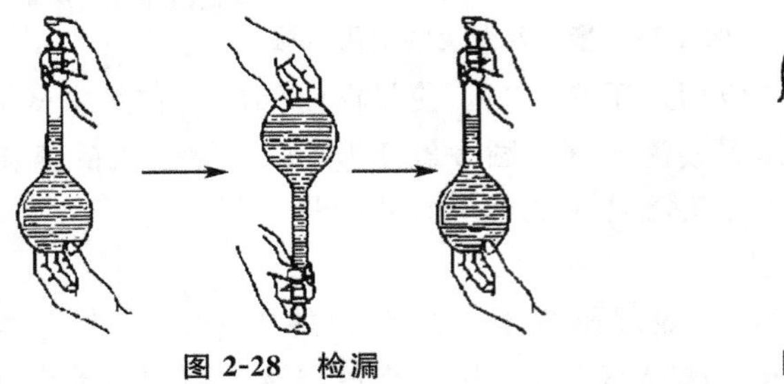

图 2-28　检漏

图 2-29　转移

③向容量瓶内加入的液体液面离标线0.5～1 cm左右时，应改用滴管小心滴加，最后使液体的弯月面与标线正好相切。若加水超过刻度线，则需重新配制。

④盖紧瓶塞，用倒转和摇动的方法使瓶内的液体混合均匀。静置后若发现液面低于刻度线，是因为容量瓶内极少量溶液挂在容量瓶瓶颈处内壁，所以并不影响所配制溶液的浓度，故不要在瓶内添水，否则，将使所配制的溶液浓度降低。

⑤开盖回流：混合后，小心打开容量瓶盖，让瓶盖与瓶口处的溶液流回瓶内，再盖好瓶盖，再用倒转和摇动的方法使瓶内的液体混合均匀。在处理小体积样品时此点非常重要。

使用容量瓶时应注意以下几点：

①容量瓶购入后都要清洗后进行校准，校准合格后才能使用。

②易溶解且不发热的物质可直接转入容量瓶中溶解，其他物质基本不能在容量瓶里进行溶质的溶解，应将溶质在烧杯中溶解后转移到容量瓶里。

③对于水与有机溶剂（如甲醇等）混合后会放热、吸热或发生体积变化的溶液要注意，对于混合后会放热的溶液要加入适量溶剂（距瓶刻线约0.5 cm处）后，放冷至室温再定容至刻度；对于混合后体积会发生变化的溶液要加入适量溶剂（不要加至细颈处，以方便振摇），振摇，再加入至距瓶刻线约0.5 cm处，放置一段时间后再定容至刻度。

④用于洗涤烧杯的溶剂总量不能超过容量瓶的标线。

⑤容量瓶不能进行加热。如果溶质在溶解过程中放热，要待溶液冷却后再进行转移，因为一般的容量瓶是在20 ℃的温度下标定的，若将温度较高或较低的溶液注入容量瓶，容量瓶会发生热胀冷缩，所量体积就会不准确，导致所配制的溶液浓度不

准确。

⑥容量瓶只能用于配制溶液，不能长时间储存溶液，因为溶液可能会对瓶体进行腐蚀（特别是碱性溶液），从而使容量瓶的精度受到影响。

⑦容量瓶用毕应及时洗涤干净。

（3）移液管和吸量管的使用

移液管是准确移取一定量液体的工具。它是一根细长中间膨大的玻璃管，在管的上端有刻度线。膨大部分标有它的容积和标定时的温度。如需吸取 5.00 mL、10.00 mL、25.00 mL 等整数，用相应大小的移液管。量取小体积且不是整数时，一般用吸量管。

吸量管是带有多刻度的玻璃管，它可以用来吸取不同体积的溶液。

使用移液管或吸量管移取溶液的方法是：

①洗涤。使用前移液管和吸量管都要进行洗涤，直至内壁不挂水珠为止。方法与洗涤滴定管一样，先用洗液洗，再用自来水冲洗，最后用蒸馏水洗涤干净。

②润洗。为保证移取溶液时溶液浓度保持不变，应使用滤纸将管口内外水珠吸去，再用被移溶液润洗 3 次，置换移液管或吸量管内壁的水分。润洗后的溶液应该弃去。

③吸取溶液。吸取溶液时，用右手大拇指和中指拿在管子的刻度上方，插入溶液中，左手用吸耳球将溶液吸入管中（预先捏扁，排除空气）。吸管下端至少伸入液面 1 cm，不要伸入太多，以免管口外壁黏附溶液过多，也不要伸入太少，以免液面下降后吸空。用洗耳球慢慢吸取溶液，眼睛注意正在上升的液面位置，移液管应随容器中液面下降而降低。当液面上升至标线以上，立即用右手食指按住管口（一般不用大拇指操作，大拇指操作不灵活，如图 2-30 a 所示）。随后右手食指稍稍抬起，让液面缓慢下降到凹液面与刻度正好相切即可。

④放出整管溶液。将移液管放入锥形瓶或容量瓶中，将锥形瓶或容量瓶略倾斜，管尖靠瓶内壁，移液管垂直。管尖触到瓶底是错误的。松开食指，液体自然沿瓶壁流下，液体全部流出后停留 15 s（移液管上标有“快”，应该不停留），取出移液管（如图 2-30 b 所示）。留在管口的液体不要吹出，因为校正时未将这部分体积计算在内（移液管上标有“吹”，应该将留在管口的液体吹出）。使用吸量管放出一定量溶液时，通常是液面由某一刻度下降到另一刻度，两刻度之差就是放出的溶液的体积，注意目光与刻度线平齐。实验中应尽可能使用同一吸量管的同一区段的体积。

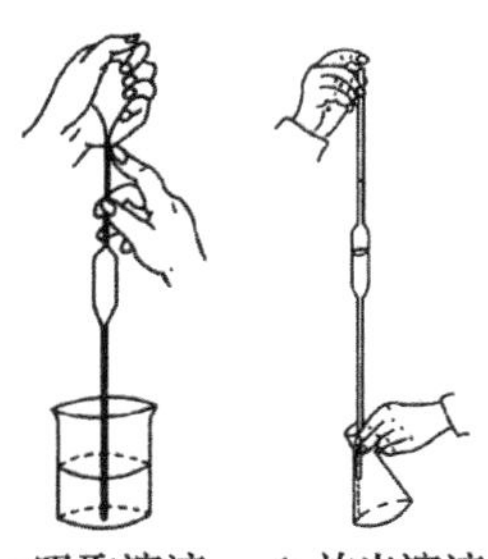

图 2-30　吸放溶液

注意事项：

①移液管使用后，应洗净放在移液管架上；

②移液管和吸量管在实验中应与溶液一一对应，不应串用以免污染。

2. 水银温度计

温度计是实验中常用来测量温度的仪器，一般可测准至 0.1 ℃，刻度为 1/10 ℃的温度计可测准至 0.02 ℃（如图 2-31 所示）。

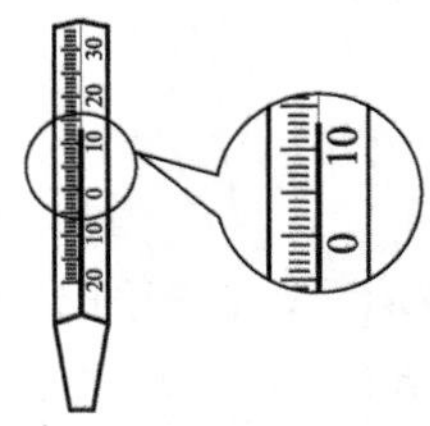

图 2-31　温度计

温度计的使用步骤如下：

（1）在测量之前要先估计被测液体的温度，根据估计的温度选用量程合适的温度计。

（2）温度计的玻璃泡要全部浸没在待测液体中，但不要碰到容器底和容器壁。

（3）玻璃泡全部浸没在待测液体中要稍候一会儿，等它的示数稳定后再读数。

（4）读数时，玻璃泡要继续留在被测量液体中。

（5）视线要与温度计中液柱的上表面相平。正确记录测量结果要有数字和单位。

注意：不能将温度计当搅拌棒使用，以免把水银球碰破。刚测量过高温物质的温度计不能立即用冷水冲洗，以免水银球炸裂。

3. 密度计

密度计是测量液体密度的仪器（如图2-32所示）。用于测定密度大于1 $g \cdot mL^{-1}$的液体的密度计称为重表；用于测定密度小于1 $g \cdot mL^{-1}$的液体的密度计称为轻表。

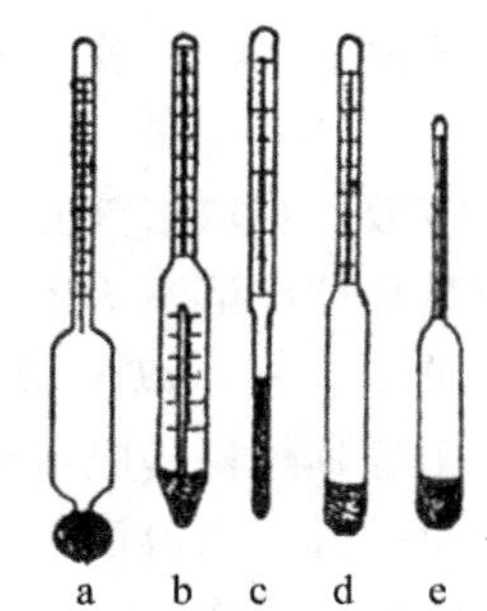

a 糖锤度密度计；b 附有温度计的糖锤度密度计；c 波美密度计；d 波美密度计；e 酒精计。

图 2-32　各种密度计

密度计的使用步骤如下：

（1）首先估计所测液体密度值的可能范围，根据所要求的精度选择密度计。

（2）仔细清洗密度计。测液体密度时，用手拿住干管最高刻度线以上部位垂直取放。

（3）容器要清洗后再慢慢倒进待测液体，并不断搅拌，使液体内无气泡后，再放入密度计。密度计浸入液体部分不得附有气泡。

（4）密度计使用前要洗涤清洁。密度计浸入液体后，若弯月面不正常，应重新洗涤密度计。

（5）读数时以弯月面下部刻度线为准。读数时密度计不得与容器壁、底及搅拌器接触。对不透明液体，只能用弯月面上缘读数法读数。

三、酸度计的使用

酸度计是对溶液中的氢离子活度产生选择性响应的一种电化学传感器。理论上，溶液的酸度可以这样测得：以参比电极、指示电极和溶液组成工作电池，测量出电池的电动势。用已知 pH 的标准缓冲溶液为基准，比较标准缓冲溶液所组成的电池的电动势，从而得出待测试液的 pH，因此酸度计也叫 pH 计。

1. 组成

酸度计由电极和电动势测量装置组成。电极用来与试液组成工作电池；电动势测量部分对电池的电动势产生响应，显示出溶液的 pH。多数酸度计还兼有毫伏档，可以直接测电极电位。若配备合适的离子选择电极，还可以测定溶液中某离子的活度（浓度）。

实验室中广泛使用的 pHS-3C 型酸度计（如图 2-33 所示）是一种精密数字显示酸度计。其测量范围宽，重复误差小。pHS-3C 型酸度计由主机、复合电极组成。

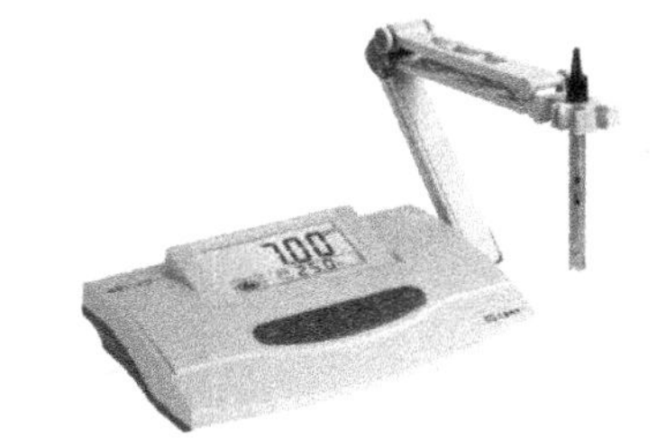

图 2-33　pHS-3C 型酸度计（上海雷磁）

2. 使用步骤

(1) 检查酸度计的接线是否完好。接通电源，按下背面的电源开关，预热 30 min 后方可使用。

(2) 取下复合电极上的电极套，注意不要将电极套中的饱和 KCl 溶液撒出或倒掉。

用蒸馏水冲洗电极头部，用滤纸吸干残留水分。

(3) 定位

在测量之前，首先对 pH 计进行校准，我们采用两点定位校准法，具体的步骤如下：

①打开电源开关，按"pH/mV"按钮，使仪器进入 pH 测量状态；

②用温度计测量被测溶液的温度、读数，如 25 ℃，按"温度"旋钮至测量值 25 ℃，然后按"确认"键，回到 pH 测量状态。

③调节斜率旋钮至最大值。

④打开电极套管，用蒸馏水冲洗电极头部，用吸水纸仔细将电极头部吸干，将复合电极放入 pH 为 6.86 的标准缓冲溶液中，使溶液淹没电极头部的玻璃球，轻轻摇匀，待读数稳定后，按"定位"键，使显示值为该溶液 25 ℃时标准 pH 6.86，然后按"确认"键，回到 pH 测量状态。

⑤将电极取出，洗净、吸干，放入 pH 为 4.01 的标准缓冲溶液中，摇匀，待读数稳定后，按"斜率"键，使显示值为该溶液 25 ℃时标准 pH 4.01，按"确认"键，回到 pH 测量状态。

⑥取出电极，洗净、吸干。重复校正，直到两标准溶液的测量值与标准 pH 基本相符为止。

注意：在当日使用中只要仪器旋钮无变动则可不必重复标定。

(4) 校正过程结束后，进入测量状态。用蒸馏水清洗电极，将复合电极放入盛有待测溶液的烧杯中，轻轻摇动，待读数稳定后，记录读数。

完成测试后，移走溶液，用蒸馏水冲洗电极，吸干，套上套管，关闭电源，结束实验。

四、滴定操作仪器的使用和校正

1. 滴定管

滴定管是滴定时准确测量标准液体积的量器，它是具有精确刻度而内径均匀的细长玻璃管。常量分析的滴定管有 50 mL 和 25 mL，最小刻度为 0.1 mL，读数可估计到 0.01 mL。另外，还有容积为 10 mL、5 mL、2 mL、1 mL 的半微量和微量滴定管。

滴定管一般分为两种：一种是酸式定管（如图 2-34 a），另一种是碱式定管（如图 2-34 b），酸式滴定管的下端有玻璃活塞开关，用来装酸式溶液和氧化性溶液，不宜盛碱性溶液。因为碱性溶液能腐蚀玻璃，使活塞难于转动。碱式滴定管的下端连接一橡皮管，管内有玻璃珠以控制溶液的流出，橡皮管的下端再接一尖嘴玻璃管。碱式滴定管主要用于装碱性溶液，不能盛放氧化性溶液，如高锰酸钾、碘等溶液。

2. 滴定管的操作方法

(1) 滴定管使用前的准备

为了使酸式滴定管活塞转动灵活并防止漏水，应调节活塞必须在塞子上涂抹一薄层凡士林或真空油脂。涂油的方法是：将活塞取出，用滤纸或干净的小布将活塞及活塞槽内的水擦干净，用手指蘸取少许油脂，在活塞的两头，涂上一层油，或者用手指将油脂涂抹在活塞的大头上，另用火柴杆或玻璃棒将油脂涂抹在活塞槽细的一端内侧，如图 2-35 所示。涂油时，既不能涂太多，以免活塞孔被堵住，也不能涂的太少，而达不到是活塞灵活转动和防止漏水的目的。

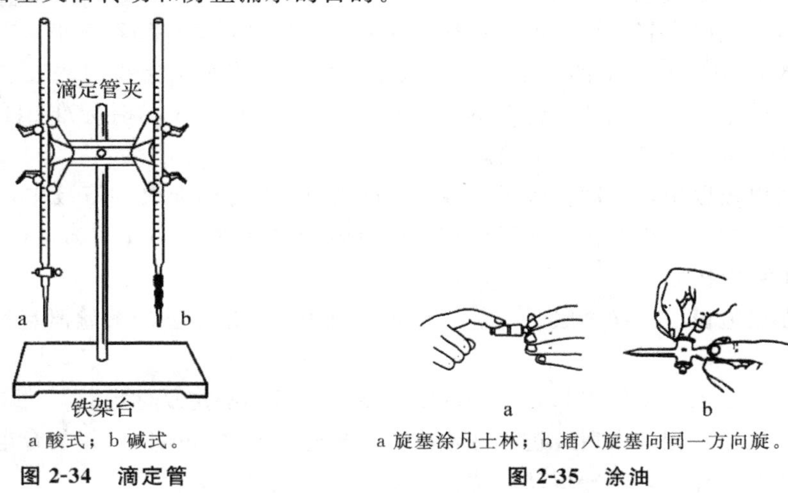

a 酸式；b 碱式。

图 2-34 滴定管

a 旋塞涂凡士林；b 插入旋塞向同一方向旋。

图 2-35 涂油

涂油后，将活塞插入活塞槽中，使活塞孔与滴定管平行，然后，向同一方向转动活塞，直至活塞与活塞槽上的油膜均匀透明，没有纹路为止。涂好油后，应用橡皮圈套住活塞，将其固定在活塞槽内，以防活塞脱落打碎。应注意在涂油的过程中，滴定管一定要平放、平拿，不要直立，以免擦干的活塞又沾湿。最后经过试漏、洗涤，方可使用。

酸式滴定管试漏的方法是：先将活塞关闭，在滴定管装满水，将滴定管垂直固定在滴定管架上，静置 2 min，观察管口及活塞两端是否有水渗出，然后，将活塞转动

180°，再放置 2 min，再观察是否有水渗出，若前后两次均无水渗出，活塞转动也灵活，即可使用。否则，须将活塞取出，重新涂油并试漏合格后再使用。

碱式滴定管不用涂油，只要选择大小合适的玻璃珠和橡皮管，将橡皮管（内有玻璃珠）、尖嘴管和滴定管连接好，并检查滴定管是否能够灵活控制。如不合要求，则应重新装配。

碱式滴定管试漏的方法是：在滴定管内装满水，把滴定管垂直夹在滴定架上，静置 2 min，仔细观察滴定管下端的尖嘴上是否挂有水珠或有水滴滴下。

（2）标准溶液的装入，管嘴气泡的检查及排除

准备好滴定管，即可加入标准溶液。加入前，应将试剂瓶中的标准溶液摇匀，使凝结在瓶内的水珠混入溶液，在天气较热或室温变化较大时这点尤为必要。为了确保加入后的溶液浓度不变，应用摇匀后的标准溶液将滴定管润洗 2～3 次，每次用液为 5～10 mL。操作时，先从下口放出少量溶液，冲洗活塞下面的尖嘴部分，然后，关闭活塞，两手平端滴定管，慢慢转动，使标准溶液与管内壁处处接触，将溶液从上口倒出弃去。

加入标准溶液后，注意检查滴定管尖嘴内有无气泡，否则，在滴定过程中，气泡将逸出，影响液体体积的标准测量。对于酸式滴定管，可迅速转动活塞，使溶液很快冲击，将气泡带走；对于碱式滴定管，可把橡皮管向上弯曲，挤动玻璃珠，使溶液从尖嘴出喷出，即可排除气泡（如图 2-36 所示）。排除气泡后，再加入标准溶液使之在“0.00”刻度以上，并调节液面在 0.00 mL 处，备用；如液面不在 0.00 mL 处则应记下读数。

图 2-36　排气

（3）滴定管的读数

由于滴定管读数不标准而引起的误差，常常是滴定分析误差的主要来源之一，因此在滴定前应进行读数练习。由于表面的张力作用，滴定管内的液面呈弯月形，读取滴定管的数字时，应使视线与弯月面最低处相切，读取切点的刻度，如图 2-37 a 所示。对于有色溶液，其弯月面不够清晰的，可读取视线与液面两侧的最高点呈水平处的刻度。为了正确读数，一般应遵守下列原则：

①读数前，管口尖嘴上应无水珠挂着。

②装入或放出溶液后，须等 1～2 min，使附着在内壁上的溶液流下来以后才能读数。

③读数时滴定管应保持垂直。

④读数时必须读到小数点后第二位，即要求精确到 0.01 mL。

⑤为了便于读数，可采用读数卡。读数卡可用墨纸或涂有墨的长方形（3 cm×1.5 cm）白纸制成。读数时，将读数卡放在滴定管背后，使黑色部分在弯月面下 1 mm 处，此时即可看到弯月面的反射层呈黑色，然后读取与此黑色弯月面相切的刻度，如图 2-37 b 所示。

（4）滴定操作

滴定最好在锥形瓶中进行，必要时也可以在烧杯中进行。滴定的操作，如图 2-38 a 所示。用左手控制滴定管的活塞，大拇指在前，食指和中指在后，手指略为弯曲，轻轻向内扣住活塞，转动活塞时，要注意勿使手心顶住活塞，以防活塞被顶出，

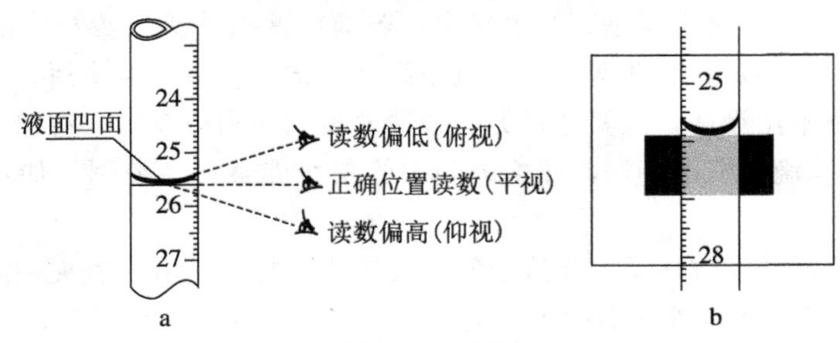

图 2-37　读数

造成漏水。右手握持锥形瓶，边滴边摇动，使瓶内溶液混合均匀，利于滴定反应进行。摇动时应做同一方向的圆周运动，而不能振荡。刚开始滴定时，溶液的滴出速度可以稍快些，滴定速度一般以 3～4 滴/s 为宜，临近滴定终点时，滴定速度应减慢，要一滴一滴地加入，每加入一滴，摇几下，并用洗瓶吹入少量蒸馏水洗锥形瓶内壁，使附在锥形瓶内壁的溶液全部流下，然后，再半滴半滴地加入，直至准确到达滴定终点。半滴的滴法是将滴定管活塞稍稍转动，使有半滴溶液悬于管口，将锥形瓶内壁与管口相接触，使溶液流出，并以蒸馏水冲下。

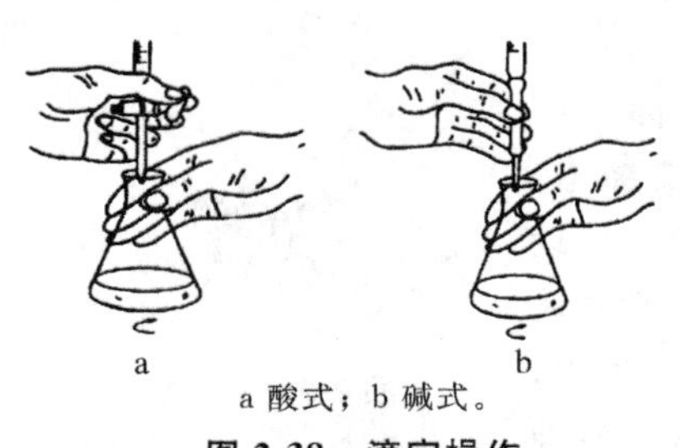

a 酸式；b 碱式。

图 2-38　滴定操作

使用碱式滴定管时，左手拇指在前，食指在后，捏住橡皮管中玻璃珠所在部位稍上处，捏挤橡皮管，使橡皮管和玻璃珠之间形成一条缝隙，溶液即可流出（如图2-38 b)。注意不能捏玻璃珠下方的橡皮管，否则空气容易进入形成气泡。

五、可见分光光度计

分光光度计采用一个可以产生多个波长的光源，通过系列分光装置，从而产生特定波长的光源，光源透过测试的样品后，部分光源被吸收，计算样品的吸光值，从而转化成样品的浓度。常用的波长范围为：

(1) 200～400 nm 的紫外光区，

(2) 400～760 nm 的可见光区，

(3) 2.5～25 μm（按波数计为 400～4000 cm^{-1}）的红外光区。

分光光度法所用仪器为紫外分光光度计、可见光分光光度计（或比色计)、红外分光光度计或原子吸收分光光度计。为保证测量的精密度和准确度，所有仪器应按照国家计量检定规程或本书附录规定，定期进行校正检定。

可见分光光度计是一种结构简单、使用方便的单光束分光光度计，基于样品对单色光的选择吸收特性可用于对样品进行定性和定量分析。其定量分析根据相对测量原理工作，即选定样品的溶剂（或空气）作为标准试样，设定其透射比为 100%，被测样品的透射比则相对于标准试样（或空气）而得到，在一定的浓度范围，各参量遵循朗伯-比耳定律：

$$A = \lg \frac{I}{T} = KCL$$

$$T = I/I_0$$

式中：A——吸光度；

T——相对于标准试样的透射比；

I——光透过被测样品后照射到光电传感器上的强度；

I_0——光透过标准试样后照射到光电传感器上的强度；

K——样品溶液的比消光系数；

L——样品溶液在光路中的长度；

C——样品浓度。

下面以 722 型分光光度计为例简单介绍其使用方法。

722 型分光光度计广泛应用于医药卫生、临床检测、生物化学、石油化工、环保监测、食品生产和质量控制等部门做定性、定量分析，还可以作为大、专院校和中学相关课程的教学演示和实验仪器。它的外形、主要技术指标如图 2-39 所示：

波长范围：335～1000 nm
波长准确度：±2 nm
供电电压和频率：220 V（±10%）、50 Hz
光源：卤钨灯（20 W/12 V）

图 2-39　722S 型可见分光光度计

1. 使用方法

(1) 检查各个旋钮的起始位置是否正确，接通电源开关。

(2) 选择开关置于“T”，调节波长旋钮，使波长为测定波长；仪器预热 20 min。

(3) 打开试样室盖，调节“0”旋钮，使数字显示为“00.0”，盖上试样室盖，将比色皿架处于蒸馏水校正位置，使光电管受光，调节透过率“100%”旋钮，使数字显示为“100.0”。

(4) 预热后，按 3 步骤连续几次调整“0”和“100%”，仪器即可进行测定工作。

(5) 吸光度 A 的测量：将旋钮置于“A”，调节吸光度调零旋钮，使数字显示为“0.000”，然后将被测样品移入光路，显示值即为被测样品的吸光度值。

(6) 浓度 C 的测量：选择开关由“A”旋至“C”，将已标定浓度的样品移入光路，调节浓度旋钮，使得数字显示为标定值，将被测样品移入光路，即可读出被测样品的浓度值。如果大幅度改变测试波长时，在调整“0”与“100%”后稍等片刻（因光能量变化急剧，光电管受光后响应缓慢，需一段光响应平衡时间），当稳定后，重新调整“0”和“100%”即可工作。

(7) 仪器内放置的硅胶是用来使仪器内部保持干燥，保证硅胶经常处于未饱和状态下有利于仪器正常工作。

(8) 测试完毕后应及时清理比色皿，将仪器各旋钮调节到关机位置后关闭电源，并做好使用登记。

2. 维护保养及注意事项

设备监督员应定期对仪器进行保养，使仪器保持良好的工作环境和工作状态，并在使用登记表上做好记录。

第三章　无机及分析基本操作及无机部分实验

实验1　玻璃管操作和塞子钻孔

一、目的要求

1. 学习酒精灯和煤气灯的使用方法。
2. 熟悉玻璃管操作，制作小玻璃棒、滴管和洗瓶。
3. 学习塞子钻孔操作。

二、实验步骤

进行化学实验时，常常需要把许多单个的玻璃仪器用塞子、玻璃管和橡皮管连接成整套的装置。随着玻璃仪器口径的标准化，这项工作已得到简化，多数情况下，可获得现成的连接部件。但作为一项基本操作，学会简单的玻璃管加工和塞子钻孔仍有一定的实用价值，因此掌握这些知识还是有必要的。

（一）玻璃管的简单加工

进行玻璃管加工前，必须用抹布将玻璃管擦干净。必要时，用水洗净，晾干后再加工。

1. 截断（切割）玻璃管

根据需要截取一定长度的玻璃管。

取一长玻璃管平放在桌子上，用手揿住。在要截断的地方用三角锉（也可用小砂轮或废硅碳棒片）的棱边按住，然后用力向前或向后划一锉痕（向一个方向锉，不要来回锯，如图3-1所示）。如划的锉痕不很明显，可在原处再锉一下。然后拿起玻璃管的锉痕朝外，两手的拇指放在锉痕背后，轻轻地用力向前推压，同时两手向两侧拉（如图3-2和图3-3所示），玻璃管便折断。折断粗玻璃管时，可用布将管包住，以免划伤手指。

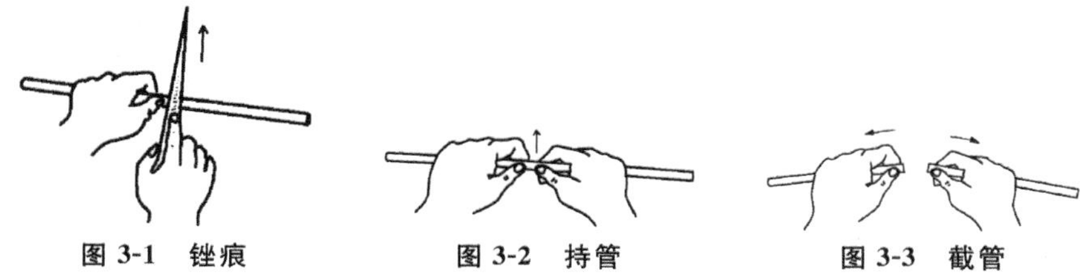

图 3-1　锉痕　　图 3-2　持管　　图 3-3　截管

2. 熔光玻璃管口

新截断的玻璃管的切口锐利，容易划伤皮肤，且难以插入塞子的圆孔内，需要熔光。把切断面斜置于煤气灯氧化焰的边沿处，不断缓慢地转动，使玻璃管受热均匀（如图 3-4 所示）。加热片刻后，即熔化成平滑的管口（玻璃棒的切断面也要用同法熔光），但加热时间不宜太长，以免管口口径缩小。烧热的玻璃管，不可直接放在桌上，而应该放在石棉网上，更不可用手去碰热端，以免烫伤。

3. 拉细玻璃管

轻拿玻璃管两端，将要拉细的中间部分插入灯的氧化焰上加热，并不断地旋转。待玻璃管变软并呈红黄色时（要烧得比弯玻璃管更软一些），移出火焰，顺着水平方向边拉边转动玻璃管（如图 3-5 所示），待玻璃管拉到所要求的细度时，一手持玻璃管，使其下垂一会儿，让其变硬。待玻璃管冷却后，用小砂轮在适当部位截断。

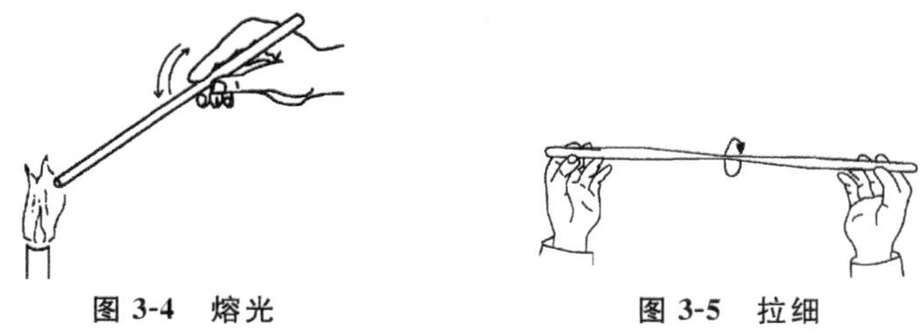

图 3-4　熔光　　图 3-5　拉细

4. 弯曲玻璃管

两手轻握玻璃管的两端，将要弯曲的部位斜插入煤气灯的氧化焰内，以增大玻璃管的受热面积（也可以在煤气灯上罩以鱼尾，以扩展火焰，来扩大玻璃管的受热面积，如图 3-6 所示），缓慢而均匀地转动玻璃管，使四周受热均匀。注意转动玻璃管时，两手用力要均匀，转速要一致，否则玻璃管变软后会扭曲。当玻璃管烧成黄色，且足够软时，即自火焰中取出，稍等一二秒钟，然后把它弯成一定的角度（如图 3-7 所示）。120°以上的角度，可以一次弯成。较小的角度，可以分几次弯成；先弯成 120°左右，然后待玻璃管稍冷后，再加热弯成较小的角度。但是，玻璃管受热的位置应较第一次受热的位置稍微偏左或偏右一些。

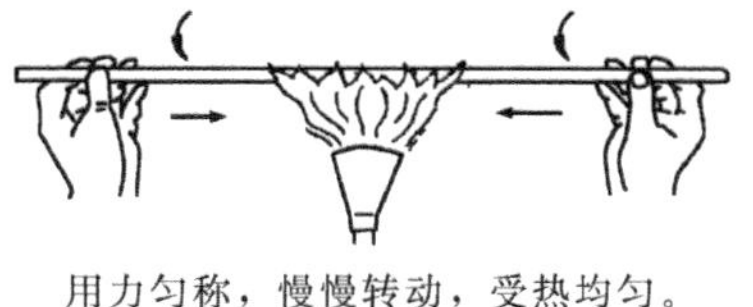

用力匀称，慢慢转动，受热均匀。

图 3-6　烧管

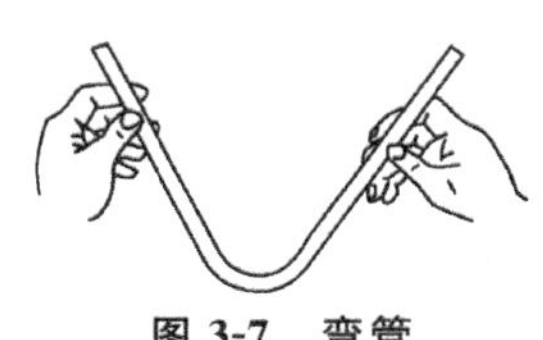

图 3-7　弯管

玻璃管弯成后，应检查弯成的角度是否准确，弯曲处是否平整，整个玻璃管是否在同一平面上（如图 3-8 所示）。

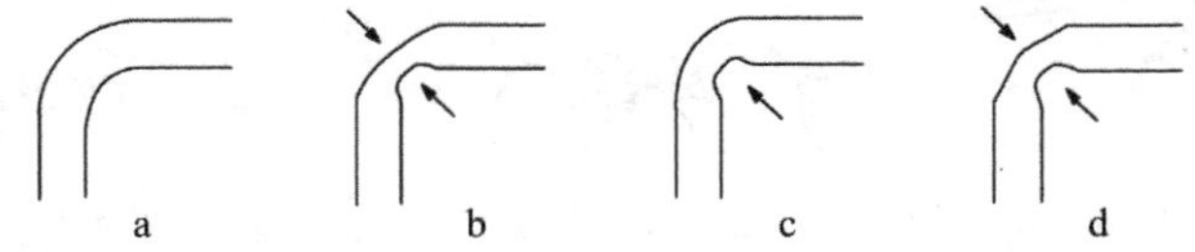

a 操作正确，均匀平滑；b 加热不够，里外扁平；c 吹气不够，里面扁平；d 烧时外拉，中间细小。

图 3-8　弯成的玻璃管

（二）塞子与塞子钻孔

容器上常用的塞子有：软木塞、橡皮塞和玻璃磨口塞。软木塞易被酸或碱腐蚀，但与有机物的作用较小。橡皮塞可以把容器塞得很严密，但对装有有机溶剂和强酸的容器并不适用。相反的，盛碱性物质的容器常用橡皮塞。玻璃磨口塞不仅能把容器塞得紧密，且除氢氟酸和碱性物质外，其可以作为盛装所有液体和固体容器的塞子。

为了能在塞子上配置玻璃管、温度计等，塞子需预先钻孔。如果是软木塞可先经压塞机（如图 3-9 所示）压紧，或用木板在桌上碾压（如图 3-10 所示），以防钻孔时塞子开裂。常用的钻孔器是一组直径不同的金属管（如图 3-11 所示）。钻孔时选择一个比需要插入塞子的玻璃管（或温度计等）略细的钻孔器，左手拿住塞子，右手按住钻孔器的柄头，一面旋转，一面向塞子里面挤压，缓缓地把钻孔器钻入预先选好的位置（如图 3-12 所示）。开始可由塞子较小的一端起钻，钻到一半深时，把钻孔器一面旋转一面拔出，用小铁条通出钻孔器管内的软木屑，再从塞子的另一端相对应的位置按同样的操作钻孔，直到两头穿通为止。钻孔时必须注意钻孔器与塞子表面保持垂直，否则会把孔打斜。

图 3-9　压塞机

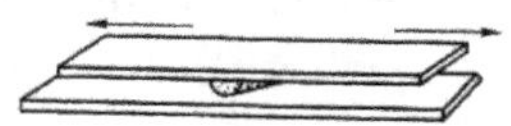

图 3-10　将软木塞放在桌子上碾压

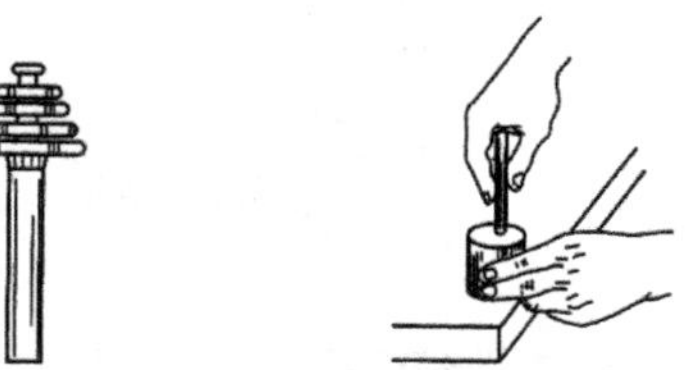

图 3-11　钻孔器　　**图 3-12　钻孔方法**

在橡皮塞上钻孔时，要选择一个比要插入塞子的玻璃管略粗的钻孔器，并在钻孔器下端和橡皮塞上涂抹一些润滑剂。甘油和水是常用的润滑剂。钻孔操作和软木塞相似，但最后应用水洗涤橡皮塞及钻孔器，除去润滑剂，并将钻孔器擦干。

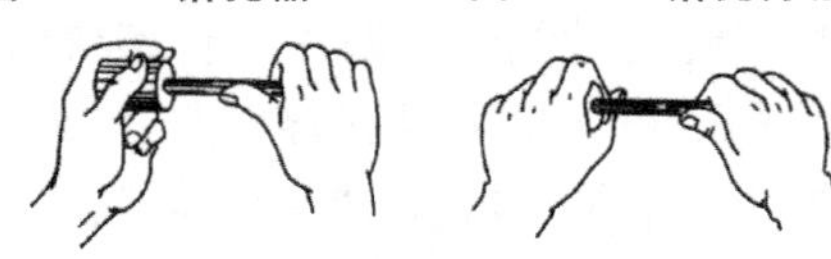

图 3-13　导管与塞子连接

若用手摇钻孔器钻孔，则更为方便。

玻璃管插入塞孔前，管端必须预先熔光，冷却后用水把玻璃管润湿。然后将玻璃管（最好用毛巾分别包住玻璃管及塞子，以防玻璃管折断而弄伤手）轻轻地转动穿入塞孔（如图 3-13 所示）。注意不能用力过猛，如果塞孔太小，可用圆锉将塞孔锉大些。

（三）实验用具的制作

按上述操作方法制作下列实验用具：

1. 乳头滴管

截取 15 cm 长（内径约 5 mm）的玻璃管，将中部置火焰上加热，拉细玻璃管。要求玻璃管细部的内径约为 1.5 mm，毛细管长约 7 cm。截断并将断口熔光。把尖嘴管的另一端加热至发软，然后在石棉网上压一下，使管口外卷，冷却后，套上橡皮乳头即成滴管（如图 3-14 所示）。

2. 小试管的玻璃棒

截取 18 cm 长的小玻璃棒，将中部置火焰上加热，拉细到直径约为 1.5 mm 为止。冷却后用三角锉在细处截断，并将断处熔成小球，小玻璃棒洗净后便可使用（如图 3-15 所示）。

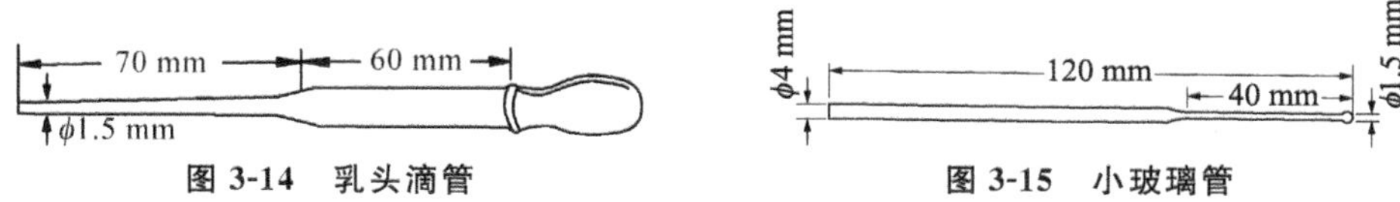

图 3-14　乳头滴管　　图 3-15　小玻璃管

3. 洗瓶

材料：500 mL 聚氯乙烯细口塑料瓶一只，适合塑料瓶瓶口大小的橡皮塞一只，30 cm 长玻璃管一根。

步骤：

（1）按前面介绍的塞子钻孔的操作方法，将橡皮塞钻孔。

（2）按图 3-16 所示的形状，依次将 30 cm 长的玻璃管一端拉一尖嘴，弯成 60°角，插入橡皮塞塞孔后，再将另一端弯成 120°角（注意两个弯角的方向），即配置成一洗瓶。

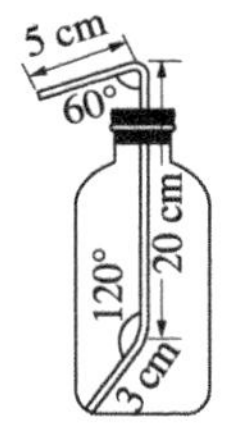

图 3-16　洗瓶

将制作的小玻璃棒、滴管和洗瓶呈交教师检查，认可后取回，备以后做实验时使用。

三、思考题

1. 在加工玻璃管时，需要注意哪些安全问题？
2. 弯曲和熔光玻璃管时，应如何加热玻璃管？
3. 加工玻璃管时，通常使用哪一部分火焰来加热玻璃管？
4. 塞子钻孔时，应如何选择钻孔器的粗细？应如何正确操作？

实验2　分析天平称量练习

一、目的要求

1. 了解分析天平的基本结构。
2. 学习分析天平的基本操作，能熟练使用分析天平。
3. 学会用直接法和减量法称量试样。

二、原理

参见第二章第二节中有关分析天平的介绍。

三、实验用品

分析天平，10 mg 标准片码，已知质量的金属片，石英砂试样。

四、实验步骤

分析天平是一种精密仪器，使用前应做如下的外观检查：

（1）检查砝码是否齐全，各砝码位置是否正确，圈码是否都正确地挂在圈码钩上，加码旋钮指数盘的读数是否在零位。

（2）检查天平是否处于休止状态，天平梁和吊耳的位置是否正常。

（3）检查天平是否处于水平位置，如不水平，可调节天平箱前下方的两个调水平螺丝，使水准器中的气泡位于正中。

（4）天平盘上如有灰尘，应该用软毛刷轻刷干净。

（一）测定示值变动性

天平外观检查完毕后，端坐于天平前面，沿顺时针方向轻轻转动升降旋钮（即打开旋钮），使天平梁放下，指针稳定后，读出天平的零点。然后沿反时针方向旋转旋钮（即关掉旋钮），将天平梁托起。天平的零点宜在微分标尺“0”±2 刻度范围内，如偏离太远，可通过旋钮下方的调零杆或天平梁上的零点调节螺丝进行调节。

准确测出天平的零点 L_0，关掉旋钮。然后在天平左右两盘上各加 20 g 砝码，再测出天平的平衡点（停点）L。如此反复测定 L_0 和 L 各 4 次，并计算出天平示值变动性的大小。

空盘天平的示值变动性 $= L_0$（最大值）$- L_0$（最小值）

载重天平的示值变动性 $= L$（最大值）$- L$（最小值）

（二）测定灵敏度

1. 空盘灵敏度

轻轻旋开旋钮以放下天平梁，记下天平的零点后，关掉旋钮托起天平梁。用镊子夹取一校准过的 10 mg 片码，置于天平左盘的正中间。重新旋开旋钮，待指针稳定后，读取平衡点。关上旋钮。由平衡点和零点之差算出空盘灵敏度（以分度/mg 表示）。

2. 载重灵敏度

天平左右两盘各载重 20 g，用同样操作测定载重情况下的灵敏度。

（三）称量练习

1. 直接称量法

向教师领取一已知质量的金属片样品，记下样品号。调好天平零点后，把它放在天平左盘的中央，右盘中添加砝码，直至达到平衡。记录称量结果（准确至 0.1 mg）并与教师核对。

2. 减量称量法

本实验要求用减量法从称量瓶中准确称取 0.2～0.3 g 的固体试样（称准至 0.1 mg）。为了检验称量的准确性，按照以下步骤进行称量。

（1）取两个干净的 50 mL 烧杯，编号后用分析天平分别准确称其质量（$m_{杯1}$和 $m_{杯2}$）。注意，称量后从分析天平中取出小烧杯时，手指不能直接接触小烧杯，要用纸条套住小烧杯。

（2）在一个干净的称量瓶中装入 1 g 左右的石英砂试样，盖上瓶盖，准确称其质量（m_1）。然后用纸条套住称量瓶从分析天平中取出，让其置于烧杯 1 的上方，用右手隔着小纸片将瓶盖打开，慢慢将瓶口稍向下倾斜，用瓶盖轻敲瓶口，使试样落入烧杯中。当落入烧杯中的试样接近所需量时，慢慢将瓶竖起，同时用瓶盖轻敲瓶口，使附在瓶口的试样落入烧杯或称量瓶内。然后盖好瓶盖，再准确称量（m_2）。两次称量之差（m_1-m_2）即为取出第一份试样的质量。以同样方法转移第二份试样于烧杯 2 中，再准确称出转移第二份试样后称量瓶和剩余试样的质量（m_3），则第二份试样的质量为（m_2-m_3）。

用减量法称取每一份试样时，最好能在一两次内敲出所需的量。以减少试样的损失或避免吸湿。

（3）分别准确称取两个装有试样的烧杯的质量（m_4 和 m_5）。此质量减去原烧杯质量即为称取试样质量。如果称量中无差错，称量瓶中倾出的质量应与烧杯中加入的质量应相等，即（m_1-m_2）应等于（$m_4-m_{杯1}$），（m_2-m_3）应等于（$m_5-m_{杯2}$）。本实验要求两者绝对差值<0.4 mg。如果不符，找出原因，重新称量。

（四）称量完毕后的天平检查

称量完毕后，应检查所用天平的以下各项：

(1) 天平盘内和大理石底板上有无赃物，如有用毛刷清除。

(2) 砝码是否全部归位于砝码盒，指数盘读数是否回“0”。

(3) 天平梁是否托住，天平门是否关闭。

(4) 最后用罩布将天平罩好，在天平使用簿上填写使用记录。

五、数据记录与结果处理

将数据与结果分别填入表 3-1 和表 3-2 中。

表 3-1　直接称量法数据记录

称量次数	表面皿质量/g	(表面皿＋试样质量)/g	试样质量/g
1			
2			
3			

表 3-2　减量称量法数据记录

项　目	编　号	
	Ⅰ	Ⅱ
(称量瓶＋试样) 质量 (敲出前)/g	m_1	m_2
(称量瓶＋试样) 质量 (敲出后)/g	m_2	m_3
敲出试样质量/g	$m_6=m_1-m_2$	$m_7=m_2-m_3$
(烧杯＋试样) 质量/g	m_4	m_5
空烧杯质量/g	$m_{杯1}$	$m_{杯2}$
称取试样质量/g	$m_8=m_4-m_{杯1}$	$m_9=m_5-m_{杯2}$
绝对差值/g	$\vert m_6-m_8\vert$	$\vert m_7-m_9\vert$

六、思考题

1. 分析天平的灵敏度越高，是不是称量的准确度也越高？为什么？

2. 称量时，砝码和称量物为何要放在天平盘的中央？

3. 什么情况下用直接法称量？什么情况下则需要减量法称量？

4. 用减量法称取试样时，若称量瓶内的试样吸湿，将对称量结果造成什么误差？若试样敲落在烧杯内再吸湿，对称量是否有影响？

实验 3 滴定操作练习

一、目的要求

1. 学习滴定分析常用仪器的使用和酸碱滴定的原理。
2. 练习滴定操作，学会正确判断滴定终点。

二、原理

一定浓度的酸碱相互滴定时，根据化学计量式，所消耗的物质量之比及体积之比是一定的，由此可见，酸碱溶液通过滴定，确定它们中和时所需的体积比，即可确定它们的浓度比。如果其中一种溶液的浓度已确定，则另一种溶液的浓度可求出。

本实验以酚酞为指示剂，用 NaOH 溶液分别滴定 HCl 和 HAc，当指示剂由无色变为淡粉红色时，即表示已达到终点。根据计量关系式，可求出酸或碱的浓度。

三、实验用品

仪器：碱式滴定管，25 mL 移液管。

试剂：0.1 $mol \cdot L^{-1}$ 盐酸标准溶液（准确浓度已知），0.1 $mol \cdot L^{-1}$ NaOH 溶液（浓度待标定），0.1 $mol \cdot L^{-1}$ HAc 溶液（浓度待标定），酚酞溶液（ω 为 0.01）。

四、实验步骤

1. NaOH 溶液浓度的标定

用 0.1 $mol \cdot L^{-1}$ NaOH 操作液荡洗已洗净的碱式滴定管，每次 10 mL 左右，荡洗液从滴定管两端分别流出弃去，共洗 3 次。然后再装满滴定管，赶出滴定管下端的气泡。调节滴定管内溶液的弯月面在“0”刻度以下。静置 1 min，准确读数，并记录。

将已洗净的用于盛放盐酸标准溶液的小烧杯和 25 mL 移液管用 0.1 $mol \cdot L^{-1}$ 盐酸标准溶液荡洗 3 次后（每次用 10～15 mL 溶液），准确移取 25.00 mL 的盐酸标准溶液于 250 mL 锥形瓶中。加酚酞指示剂 2 滴，此时溶液应无色。用已备好的 0.1 $mol \cdot L^{-1}$ NaOH 操作液滴定酸液。近终点时，用蒸馏水冲洗锥形瓶内壁，再继续滴定，直至溶液在加下半滴 NaOH 后，变为明显的淡粉红色，在 30 s 内不褪色，此时即为终点。准确读取滴定管中 NaOH 的体积。终读数和初读数之差，即为与盐酸中和所消耗的 NaOH 体积。

重新把碱式滴定管装满溶液（每次滴定最好用滴定管的相同部分），重新移取 25.00 mL 盐酸，按上述方法再滴定两次。计算 NaOH 的浓度。3 次测定结果的相对平均偏差不应大于 0.2%。

2. HAc 溶液浓度的测定

用上面已测知浓度的 NaOH 溶液，按上法测定 HAc 溶液的浓度 3 次。3 次测定结果的相对平均偏差也不应大于 0.2%。

五、数据记录和结果处理

将 NaOH 溶液浓度的标定和 HAc 溶液浓度的测定有关数据分别填入表 3-3 和表 3-4 中。

表 3-3　NaOH 溶液浓度的标定

数据记录与计算		编号		
		Ⅰ	Ⅱ	Ⅲ
盐酸标准溶液的浓度/（$mol \cdot L^{-1}$）				
盐酸标准溶液的净用量/mL		25.00	25.00	25.00
NaOH 溶液的净用量	终读数/mL			
	初读数/mL			
	净用量/mL			
NaOH 溶液的浓度/（$mol \cdot L^{-1}$）				
平均值/（$mol \cdot L^{-1}$）				
相对平均偏差				

表 3-4　HAc 溶液浓度的测定

数据记录与计算		编号		
		Ⅰ	Ⅱ	Ⅲ
NaOH 溶液的浓度/（$mol \cdot L^{-1}$）				
NaOH 溶液的净用量	终读数/mL			
	初读数/mL			
	净用量/mL			
HAc 溶液的净用量/mL		25.00	25.00	25.00
HAc 溶液的浓度/（$mol \cdot L^{-1}$）				
平均值/（$mol \cdot L^{-1}$）				
相对平均偏差				

六、思考题

1. 分别用 NaOH 溶液滴定 HCl 和 HAc，当达化学计量点时，溶液 pH 是否相同？
2. 以下情况对滴定结果有何影响？

(1) 滴定管中留有气泡。

(2) 滴定近终点时，没有用蒸馏水冲洗锥形瓶的内壁。

(3) 滴定完后，有液滴悬挂在滴定管的尖端处。

(4) 滴定过程中，有一些滴定液自滴定管的旋塞处渗漏出来。

3. 如果取 10.00 mL HAc 溶液，用 NaOH 溶液滴定测定其浓度，所得的结果与取 25.00 mLHAc 溶液的相比，哪一个误差大?

实验 4　粗食盐的提纯

一、目的要求

1. 学会用化学法提纯粗食盐。

2. 掌握溶解、沉淀、减压过滤、蒸发浓缩、结晶和烘干等基本操作。

二、原理

粗食盐中含有 Ca^{2+}、Mg^{2+}、K^+，SO_4^{2-} 等可溶性杂质和泥沙等不溶性杂质。选择适当的试剂可使 Ca^{2+}、Mg^{2+}、SO_4^{2-} 等离子生成沉淀而除去。有关离子方程式如下：

$$Ba^{2+} + SO_4^{2-} = BaSO_4 \downarrow$$

$$Ca^{2+} + CO_3^{2-} = CaCO_3 \downarrow$$

$$4Mg^{2+} + 5CO_3^{2-} + 2H_2O = Mg(OH) \cdot 3MgCO_3 \downarrow + 2HCO_3^-$$

$$Ba^{2+} + CO_3^{2-} = BaCO_3 \downarrow$$

过量的 Na_2CO_3 溶液用盐酸中和。粗食盐中的 K^+ 与这些沉淀剂不起作用，仍留在溶液中。由于 KCl 的溶解度比 NaCl 的大，而且在粗食盐中的含量较少，所以在蒸发浓食盐溶液时，NaCl 结晶出来，而 KCl 仍留在母液中。

三、试剂

盐酸 (6 $mol \cdot L^{-1}$)、H_2SO_4 溶液 (2 $mol \cdot L^{-1}$)、HAc 溶液 (2 $mol \cdot L^{-1}$)、NaOH 溶液 (6 $mol \cdot L^{-1}$)、$BaCl_2$ 溶液 (1 $mol \cdot L^{-1}$)、Na_2CO_3 溶液 (饱和)、$(NH_4)_2C_2O_4$ 溶液 (饱和)、镁试剂 I、pH 试纸和粗食盐等。

四、实验步骤

1. 粗食盐的提纯

(1) 粗食盐的溶解

在台秤上称取 20 g 粗食盐于 250 mL 烧杯中，加 80 mL 去离子水，加热搅拌使粗食盐溶解（不溶性杂质沉于底部）。

（2）SO_4^{2-} 的除去

在煮沸的粗食盐溶液中，边搅拌边逐滴加入 1 mol·L^{-1} $BaCl_2$ 溶液 3～5 mL。继续加热 5 min，使沉淀颗粒长大而易于沉降。将烧杯从石棉网上取下，待沉淀沉降后，在上层清液中加 1～2 滴 1 mol·L^{-1} $BaCl_2$ 溶液，如果出现混浊，表示 SO_4^{2-} 尚未除尽，需继续加 $BaCl_2$ 溶液以除去剩余的 SO_4^{2-}。如果不混浊，表示 SO_4^{2-} 已除尽。吸滤，弃去沉淀。

（3）Mg^{2+}、Ca^{2+} 和 Ba^{2+} 等离子的除去

将所得的滤液煮沸，加入饱和 Na_2CO_3 溶液，直至不再产生沉淀为止。再多加 0.5 mL Na_2CO_3 溶液，静置。待沉淀沉降后，在上层清液中加几滴饱和 Na_2CO_3 溶液，如果出现混浊，表示 Ba^{2+} 等阳离子未除尽，需在原溶液中继续加 Na_2CO_3 溶液直至除尽为止。吸滤，弃去沉淀。

（4）调节溶液的 pH

往滤液中滴加 6 mol·L^{-1} 盐酸，加热搅拌，中和溶液的 pH 到为 2～3（用 pH 试纸检查）。

（5）蒸发浓缩和结晶

把溶液倒入蒸发皿中蒸发浓缩，当液面出现晶膜时，改用小火加热并不断搅拌，以免溶液溅出，一直浓缩到有大量 NaCl 晶体出现（溶液的体积约为原体积的 1/4）。冷却，吸滤。然后用少量蒸馏水洗涤晶体，抽干。

将 NaCl 晶体再转移到蒸发皿中，在石棉网上用小火烘干。烘干时应不断地用玻璃棒搅动，以免结块，一直烘干至 NaCl 晶体不沾玻璃棒为止（搅拌时为防止蒸发皿摇晃，在石棉网上放置一个泥三角，并用坩埚钳钳住蒸发皿）。冷却后称量，计算产率。

2. 产品纯度的检验

取粗食盐和提纯后的食盐各 1 g，分别溶于 5 mL 去离子水中，然后进行下列离子的定性检验。

（1）SO_4^{2-} 的检验：各取溶液 1 mL 于试管中，分别加入 6 mol·L^{-1} 盐酸 2 滴和 1 mol·L^{-1} $BaCl_2$ 溶液 2 滴。比较两溶液中沉淀产生的情况。

（2）Ca^{2+} 的检验：各取溶液 1 mL，加 2 mol·L^{-1} HAc 溶液使其呈酸性，再分别加入饱和 $(NH_4)_2C_2O_4$ 溶液 3～4 滴，若有白色 CaC_2O_4 沉淀产生，表示有 Ca^{2+} 存在。比较两溶液中沉淀产生的情况。

（3）Mg^{2+} 的检验：各取溶液 1 mL，加 6 mol·L^{-1} NaOH 溶液 5 滴和镁试剂几滴，若有天蓝色沉淀生成，表示有 Mg^{2+} 存在。比较两溶液的颜色。

五、思考题

1. 过量的 Ba^{2+} 如何去除？
2. 为什么用毒性很大的 $BaCl_2$ 而不用无毒性的 $CaCl_2$ 来除去 SO_4^{2-}？
3. 在除去 Ca^{2+}、Mg^{2+}、Ba^{2+} 等离子时，能否用其他可溶性碳酸盐代替 Na_2CO_3？
4. 粗食盐提纯过程中，为何加盐酸？

实验 5　硫代硫酸钠的制备

一、目的要求

1. 掌握硫代硫酸钠的制备方法。
2. 学习蒸发浓缩、减压过滤、结晶等基本操作。

二、原理

亚硫酸钠溶液在沸腾温度下与硫粉化合，可制得硫代硫酸钠：

$$Na_2SO_3 + S \xlongequal{\triangle} Na_2S_2O_3。$$

常温下从溶液中结晶出来的硫代硫酸钠为 $Na_2SO_3 \cdot 5H_2O$。

本实验只做其中硫酸盐和亚硫酸盐杂质的限量分析。所谓限量分析，即按照不同等级化学试剂所允许杂质的最高含量配成一系列标准溶液，然后将它们与待测溶液在相同的条件下进行试验。例如，使杂质显色或形成沉淀，从而利用比色或比浊来确定试样杂质含量符合哪种等级。本实验利用比浊法进行硫酸盐和亚硫酸盐的限量分析。先用 I_2 将试样中的 $S_2O_3^{2-}$ 和 SO_3^{2-} 分别氧化为 $S_4O_6^{2-}$ 和 SO_4^{2-}，然后让微量 SO_4^{2-} 与 $BaCl_2$ 溶液作用，生成难溶的 $BaSO_4$ 而使溶液变浑浊。显然溶液的浊度与试样中 SO_4^{2-} 和 SO_3^{2-} 的含量成正比。

三、实验用品

仪器：25 mL 比色管。

试剂：Na_2SO_3 (s)、硫粉、乙醇、盐酸（ω 为 0.20）、$Na_2S_2O_3$ 溶液（0.1 mol · L^{-1}）、$BaCl_2$ 溶液（250 g · L^{-1}）。

碘溶液（0.1 mol · L^{-1}）：13 g I_2 及 35 g KI 溶于 100 mL 水中，稀释至 1000 mL。

硫酸钾乙醇溶液：0.020 g K_2SO_4 溶于乙醇溶液（体积分数为 30%）中，再用此乙醇溶液稀释至 100 mL。

0.1 mg · mL^{-1} SO_4^{2-} 溶液：0.148 g 无水 Na_2SO_4 溶于水，移入 1000 mL 容量瓶中，稀释至刻度。

四、实验步骤

1. 硫代硫酸钠的制备

称取 2 g 硫粉，研碎后置于 100 mL 烧杯中，加 1 mL 乙醇使其润湿，再加入 6 g

Na_2SO_3（s）和 30 mL 水。加热混合物并不断搅拌，待溶液沸腾后改用小火加热，继续搅拌并保持微沸状态不少于 40 min，直至只剩下少许硫粉悬浮在溶液中（此时溶液体积不要少于 20 mL，如太少，可在反应过程中适当补加些水）。趁热减压过滤，将滤液转移至蒸发皿中，水浴加热，蒸发浓缩至溶液呈微黄色浑浊为止。冷却至室温，即有大量晶体析出（如冷却时间较长而无晶体析出，可搅拌或投入一粒 $Na_2S_2O_3$ 晶体以促使晶体析出）。减压过滤，并用少量乙醇洗涤晶体，抽干后，再用吸水纸吸干。称量，计算产率。

2. 硫酸盐和亚硫酸盐的限量分析

称取 0.5 g 样品，溶于 50 mL 水。取 10 mL，滴加 0.1 $mol \cdot L^{-1}$ 碘溶液至溶液呈浅黄色，加入 0.5 mL 20%的盐酸酸化。

在 25 mL 比色管中，将 0.25 mL 硫酸钾乙醇溶液与 1 mL 250 $g \cdot L^{-1}$ 氯化钡溶液混合（晶种液），准确放置 1 min。加入上述已酸化的样品溶液，稀释至 25 mL，摇匀，放置 5 min。加 1 滴 0.1 $mol \cdot L^{-1}$ 硫代硫酸钠溶液，摇匀后与 SO_4^{2-} 标准系列溶液进行比浊。根据浊度确定产品等级。

SO_4^{2-} 标准系列溶液的配制：吸取 0.1 $mg \cdot mL^{-1}$ 的 SO_4^{2-} 溶液 0.40 mL、0.50 mL、1.00 mL，分别置于 3 支 25 mL 比色管中，稀释至 10 mL，与同体积样品溶液同时同样处理。这 3 支比色管 SO_4^{2-} 的含量分别相当于优级纯、分析纯和化学纯试剂。

五、思考题

1. 要想提高 $Na_2S_2O_3$ 的产率与纯度，实验中需注意哪些问题？

2. 蒸发浓缩硫代硫酸钠溶液时，为什么不能蒸发得太浓？为什么要用乙醇洗涤硫代硫酸钠晶体？

实验 6　硫酸亚铁铵的制备

一、目的要求

1. 了解复盐硫酸亚铁铵的制备及复盐的特性。
2. 练习水浴加热、蒸发浓缩等基本操作。
3. 了解无机物制备的投料、产量、产率的相关计算，以及产品纯度的检验方法。

二、原理

铁屑与稀硫酸作用可得硫酸亚铁：

$$Fe + H_2SO_4 = FeSO_4 + H_2 \uparrow 。$$

等物质的量的硫酸亚铁与硫酸铵作用，能生成溶解度较小的硫酸亚铁铵 $(NH_4)_2SO_4 \cdot FeSO_4 \cdot 6H_2O$，该晶体商品名称为莫尔盐。形成的复盐比较稳定，不易被氧化，因此在定量分析中常用来配制亚铁离子的标准溶液。

三、实验用品

仪器：25 mL 比色管、比色架、水浴锅等。

试剂：浓 H_2SO_4（3 mol·L^{-1}），盐酸（3 mol·L^{-1}），KSCN 溶液（ω 为 0.25），$(NH_4)_2SO_4$（s），$NH_4Fe(SO_4)_2\cdot12H_2O$（s），铁屑。

材料：pH 试纸、滤纸。

四、实验步骤

1. 硫酸亚铁的制备

称取 2 g 铁屑，放入 100 mL 锥形瓶中，加入 10 mL 3 mol·L^{-1} H_2SO_4，于通风橱中在水浴上加热至不再有气泡放出。反应过程中适当补加些水，以保持原体积。趁热减压过滤。用少量热水洗涤锥形瓶及漏斗上的残渣，抽干。将滤液倒入蒸发皿中。

2. 硫酸亚铁铵的制备

根据溶液中 $FeSO_4$ 的量，按关系式 $n[(NH_4)_2SO_4]:n(FeSO_4)=1:1$，称取所需的 $(NH_4)_2SO_4$（s），配置成 $(NH_4)_2SO_4$ 的饱和溶液。将此饱和溶液加到 $FeSO_4$ 溶液中（此时溶液的 pH 应接近 1，如 pH 偏大，可加几滴浓 H_2SO_4 调节），水浴蒸发，浓缩至表面出现结晶薄膜为止。放置缓慢冷却，得到硫酸亚铁铵晶体。减压过滤除去母液并尽量吸干。把晶体转移到表面皿上晾干片刻，观察晶体的颜色和形状。称重，计算产率。

3. Fe^{3+} 的限量分析

（1）Fe^{3+} 标准溶液的配制（由预备室配制）。称取 0.863 g $NH_4Fe(SO_4)_2\cdot12H_2O$，溶于少量水中，加入 2.5 mL 浓 H_2SO_4，冷却，移入 1000 mL 容量瓶中，用水稀释至刻度。此溶液含 Fe^{3+} 为 0.1000 g·L^{-1}，即 0.1000 mg·mL^{-1}。

（2）标准色阶的配制。取 0.50 mL Fe^{3+} 标准液于 25 mL 比色管中，加 2 mL 3 mol·L^{-1} 盐酸和 1 mL 质量分数 ω 为 0.25 的 KSCN 溶液，加入不含氧的水稀释至刻度，配制成相当于一级试剂的标准液（含 Fe^{3+} 0.05 mg·g^{-1}，即质量分数 ω 为 0.005%）。

（3）产品级别的确定。称取 1.0 g 产品放于 25 mL 比色管中，用 15 mL 不含氧的水溶解，待其全溶后，加入 2 mL 3 mol·L^{-1} 盐酸和 1 mL ω 为 0.25 的 KSCN 溶液，继续加入不含氧的水至 25 mL，摇匀，与标准色阶比色，确定产品级别。

五、思考题

1. 为什么制备硫酸亚铁铵晶体时，溶液必须呈酸性？

2. 能否将最后产物 $(NH_4)_2SO_4 \cdot FeSO_4 \cdot 6H_2O$ 直接放在蒸发皿内加热干燥？为什么？

3. 制备硫酸亚铁铵时，为什么采用水浴加热法？

实验 7　凝固点降低法测定摩尔质量

一、目的要求

1. 学习凝固点降低法测定溶质摩尔质量的原理和方法，加深对稀溶液依数性的认识。

2. 练习移液管和分析天平的使用，练习刻度分值为 0.1 ℃的温度计的使用。

二、原理

难挥发非电解质稀溶液的凝固点下降与溶液的质量摩尔浓度（b）成正比：

$$\Delta T_f = T_f^* - T_f = K_f \cdot b, \tag{1}$$

式中 ΔT_f 为凝固点降低值，T_f^* 为纯溶剂的凝固点，T_f 为溶液的凝固点，K_f 为摩尔凝固点降低常数（单位为 $kg \cdot mol^{-1}$）。式（1）可改写为

$$\Delta T_f = K_f \frac{m_2}{Mm_1} \times 1000, \tag{2}$$

式中 m_1 和 m_2 分别为溶液中溶剂和溶质的质量（单位为 g），M 为溶质的摩尔质量（单位为 $g \cdot mol^{-1}$）。移项后可得

$$M = K_f \frac{1000m_2}{\Delta T_f m_1} \tag{3}$$

要测定 M，需求得 ΔT_f，即需通过实验测得溶剂的凝固点和溶液的凝固点。

凝固点的测定可采用过冷法。将纯溶剂逐渐降温至过冷，然后促其结晶。当晶体生成时，放出凝固热，使体系温度保持相对恒定，直至全部凝成固体后才会再下降。相对恒定的温度即为该纯溶剂的凝固点（如图 3-17 所示）。

图 3-18 是溶液的冷却曲线，它与纯溶剂的冷却曲线不同。这是因为当溶液达到凝固点时，随着溶剂成为晶体从溶液中析出，溶液的浓度不断增大，其凝固点会不断下降，所以曲线的水平段向下倾斜。可将斜线延长使与过冷前的冷却曲线相交，交点的温度即为此溶液的凝固点。

为了保证凝固点测定的准确性，每次测定要尽可能控制在相同的过冷程度。

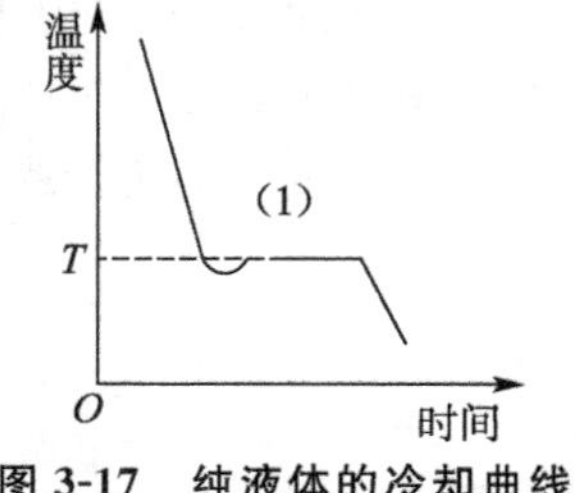

图 3-17　纯液体的冷却曲线

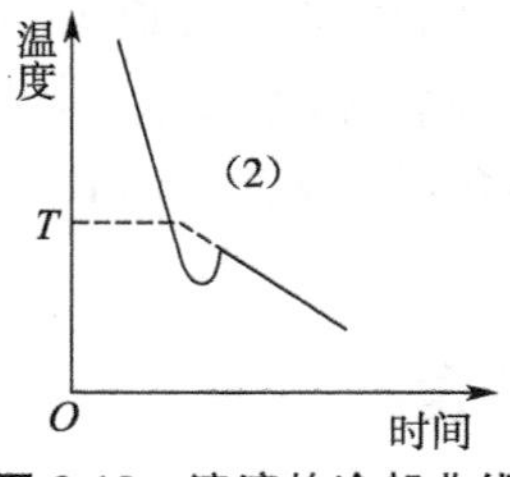

图 3-18　溶液的冷却曲线

三、实验用品

仪器：精密温度计，分析天平。
试剂：萘（s），苯。

四、实验步骤

1. 纯苯凝固点的测定

实验装置如图 3-19 所示。用干燥移液管吸取 25.00 mL 苯置于干燥的大试管中，插入温度计和搅拌棒，调节温度计高度，使水银球距离管底1 cm 左右，记下苯液的温度。然后将试管插入装有冰水混合物的大烧杯中（试管液面必须低于冰水混合物的液面）。开始记录时间并上下移动试管中的搅拌棒，每隔 30 s 记录一次温度。当冷却至高于苯的凝固点（5.4 ℃）1～2 ℃时，停止搅拌，待苯液过冷到凝固点以下约 0.5 ℃左右再继续进行搅拌。当开始有晶体出现时，由于有热量放出，苯液温度将略有上升，然后一段时间内保持恒定，一直记录至温度明显下降。

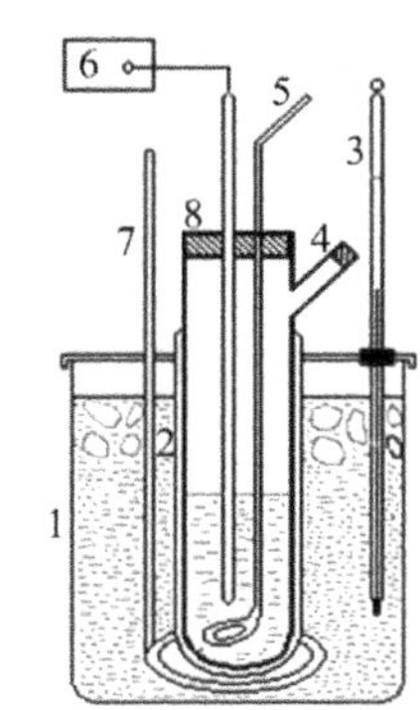

1—大玻璃管；2—玻璃套管；3—温度计；
4—样品加入口；5、7—搅拌器；
6—温差测量仪；8—测定管。

图 3-19　测定凝固点的装置

2. 萘-苯溶液凝固点的测定

在分析天平上称取纯萘 1～1.5 g（称准至 0.01 g）倒入装有 25.00 mL 苯的大试管中，插入温度计和搅拌棒，用手温热试管并充分搅拌，使萘完全溶解。按上述实验方法和要求，测定萘-苯溶液的凝固点。回升后的温度并不如纯苯那样保持恒定，而是缓慢下降，一直记录到温度明显下降。

五、数据记录与结果处理

1. 求纯苯和萘-苯溶液的凝固点

将数据分别填入表 3-5 和表 3-6 中。

表 3-5　纯苯凝固点的测定

时间/min	0.5	1	1.5	2	2.5	……
温度/℃						

表 3-6　萘-苯溶液的凝固点测定

时间/min	0.5	1	1.5	2	2.5	……
温度/℃						

以温度为纵坐标，时间为横坐标，在方格纸上做出冷却曲线，求出纯苯及萘-苯溶液的凝固点 T_f^* 及 T_f。

2. 萘摩尔质量的计算

由式（3）计算萘的摩尔质量 M。

六、思考题

1. 测定凝固点时，大试管中的液面必须低于还是高于冰水浴的液面？当溶液温度在凝固点附近时为何不能搅拌？
2. 实验中所配的溶液浓度太浓或太稀会给实验结果带来什么影响？为什么？
3. 严重的过冷现象为什么会给实验结果带来较大的误差？

实验 8　化学反应速率和活化能的测定

一、目的要求

1. 掌握浓度、温度和催化剂对化学反应速率的影响。
2. 学习 $(NH_4)_2S_2O_8$ 氧化 KI 的反应速率的测定原理和方法。

二、原理

在水溶液中，$(NH_4)_2S_2O_8$ 氧化 KI 的离子反应式为

$$S_2O_8^{2-} + 3I^- = 2SO_4^{2-} + I_3^- , \tag{1}$$

该反应的速率方程可表示为

$$v = kc^m(S_2O_8^{2-})c^n(I^-),$$

$(m+n)$ 为该反应的级数，但 m 和 n 值需要通过实验来测定。

若用实验方法测定 Δt 时间内 $S_2O_8^{2-}$ 浓度的改变值 $\Delta c(S_2O_8^{2-})$，则该时间间隔（Δt）内平均反应速率为

$$\bar{v} = -\frac{\Delta c(S_2O_8^{2-})}{\Delta t}。$$

如果把实验条件控制在 $S_2O_8^{2-}$ 和 I^- 的起始浓度比 Δt 时间间隔内反应掉的浓度大得多的情况下，因 Δt 时间后 $S_2O_8^{2-}$ 和 I^- 浓度与起始浓度差别不大，这时的平均反应速率 $\bar{v}$ 可近似看作起始的瞬时反应速率：

$$v = -\frac{\Delta c(S_2O_8^{2-})}{\Delta t} = kc^m(S_2O_8^{2-})c^n(I^-)。$$

为了测出 Δt 时间内 $S_2O_8^{2-}$ 浓度的变化值 $\Delta c(S_2O_8^{2-})$，在反应液中同时加入一定量 $Na_2S_2O_3$ 和淀粉溶液，因为 $S_2O_3^{2-}$ 遇 I_3^- 即发生如下反应：

$$2S_2O_3^{2-} + I_3^- = S_4O_6^{2-} + 3I^-。 \tag{2}$$

由于反应（2）的反应速率极快，而反应（1）的反应速率较慢，因此在 $S_2O_3^{2-}$ 耗尽之前，反应液中不会有 I_3^- 存在。一旦 $S_2O_3^{2-}$ 耗尽，由反应（1）产生的 I_3^- 就立即与淀粉作用，使溶液呈现蓝色。因为从反应开始到溶液出现蓝色这段时间（Δt）内 $S_2O_3^{2-}$ 全部耗尽，所以 $\Delta c(S_2O_3^{2-})$ 就是 $S_2O_3^{2-}$ 的起始浓度。又从反应（1）和反应（2）的化学计量关系中可知：

$$\Delta c(S_2O_8^{2-})=\frac{1}{2}\Delta c(S_2O_3^{2-})。$$

这样，由 $Na_2S_2O_3$ 的起始浓度可求得 $\Delta c(S_2O_8^{2-})$，因此只要在实验中准确记录从反应开始到溶液呈现蓝色所需的时间（Δt），就可近似算得该反应的起始反应速率。

另外，如果对速率方程两边取对数，可得

$$\lg v=m\lg c(S_2O_8^{2-})+n\lg c(I^-)+\lg k。$$

若设计一组实验，保持 $c(I^-)$ 不变，改变 $c(S_2O_8^{2-})$，分别测其 v，以 $\lg v$ 对 $\lg c(S_2O_8^{2-})$作图，可得一直线，斜率即为 m。同理，设计另一组实验，保持 $c(S_2O_8^{2-})$ 不变，改变 $c(I^-)$，分别测其 v，以 $\lg v$ 对 $\lg c(I^-)$ 作图，直线斜率为 n。将 m 和 n 代入速率方程，即可求得速率常数 k。

由温度 T 对速率常数 k 影响的阿仑尼乌斯经验式：

$$\mathrm{Ln}k=-\frac{E_a}{RT}+B$$

可知，若测得几种温度下的 k 值，以 $\mathrm{Ln}k$ 对$\frac{1}{T}$作图，直线斜率为$-\frac{E_a}{R}$，从斜率可求得 E_a（其中，k 为速率常数；R 为摩尔气体常数；T 为热力学温度；E_a 为表观活化能；B 为 $\mathrm{Ln}A$，A 为指前因子，也称频率因子）。

三、实验用品

仪器：恒温水浴，秒表。

试剂：$(NH_4)_2S_2O_8$ 溶液（0.20 mol·L^{-1}），KI 溶液（0.20 mol·L^{-1}），$Na_2S_2O_3$ 溶液（0.010 mol·L^{-1}），淀粉溶液（ω 为 0.2%），KNO_3 溶液（0.20 mol·L^{-1}），$(NH_4)_2SO_4$ 溶液（0.20 mol·L^{-1}），$Cu(NO_3)_2$ 溶液（0.02 mol·L^{-1}）。

四、实验步骤

1. 浓度对反应速率的影响

在室温下，按表 3-7 所示的用量筒（每种试剂所用的量筒要贴上标签，以免混用）准确量取 KI、$Na_2S_2O_3$、KNO_3、$(NH_4)_2SO_4$ 和淀粉溶液加入 250 mL 锥形瓶中，摇匀。然后用量筒准确量取 $(NH_4)_2S_2O_8$ 溶液，快速加入锥形瓶中，同时揿秒表并不断地摇荡溶液。当溶液刚出现蓝色时，立即停止计时，将反应时间记入表 3-8 中。实验编号Ⅱ～Ⅴ溶液中加入 KNO_3 或 $(NH_4)_2SO_4$ 溶液是为了保持反应液总体积和离子强度相同。

表 3-7　$(NH_4)_2S_2O_8$ 和 KI 的浓度对反应速率的影响

试剂用量/mL	编号				
	Ⅰ	Ⅱ	Ⅲ	Ⅳ	Ⅴ
0.20 $mol\cdot L^{-1}$ $(NH_4)_2S_2O_8$	20	10	5	20	20
0.20 $mol\cdot L^{-1}$ KI	20	20	20	10	5
0.010 $mol\cdot L^{-1}$ $Na_2S_2O_3$	8	8	8	8	8
0.2%淀粉	2	2	2	2	2
0.20 $mol\cdot L^{-1}$ $(NH_4)_2SO_4$	0	10	15	0	0
0.20 $mol\cdot L^{-1}$ KNO_3	0	0	0	10	15

表 3-8　反应级数和速率常数的计算

编号		Ⅰ	Ⅱ	Ⅲ	Ⅳ	Ⅴ
反应物的起始浓度/$(mol\cdot L^{-1})$	$(NH_4)_2S_2O_8$					
	KI					
	$Na_2S_2O_3$					
反应时间/s						
$\Delta c(S_2O_8^{2-})$ /$(mol\cdot L^{-1})$						
$v=-\frac{\Delta c(S_2O_8^{2-})}{\Delta t}$						
$\lg v$						
$\lg c(S_2O_8^{2-})$					/	/
$\lg c(I^-)$			/	/		
m						
n						
$k=v/[c^m(S_2O_8^{2-})c^n(I^-)]$						
平均反应速率常数 $\overline{k}$						

2. 温度对反应速率的影响

按表 3-7 实验编号Ⅳ的用量把 KI、$Na_2S_2O_3$、KNO_3 和淀粉溶液加入 250 mL 锥形瓶中，将 $(NH_4)_2S_2O_8$，加入大试管中，并将它们放在冰水浴中冷却。待两溶液均冷却到 0 ℃时，按上述实验相同的方法，记录反应在 0 ℃所需的时间。再按实验编号Ⅳ的用量，在恒温水浴上分别做比室温高 10 ℃和 20 ℃的实验。加上室温，我们就可以得到 4 种温度下的反应时间，将它们记录在表 3-9 上。

表 3-9　活化能的计算

编号	Ⅵ	Ⅶ	Ⅷ	Ⅸ
反应温度(T)/K				
反应时间(Δt)/s				
反应速率(v)/$(mol\cdot L^{-1}\cdot s^{-1})$				
速率常数(k)				
$\lg k$				

续表

编　号	Ⅵ	Ⅶ	Ⅷ	Ⅸ
$1/T$				
活化能/(kJ·mol^{-1})				

3. 催化剂对反应速率的影响

按实验编号Ⅳ的用量，在 KI、$Na_2S_2O_3$、KNO_3 和淀粉的混合溶液中先加入 2 滴 0.02 mol·L^{-1} $Cu(NO_3)$ 溶液，然后再与 $(NH_4)_2S_2O_8$ 溶液混合，记录反应时间。与编号Ⅳ的时间相比可得到什么结论？

五、数据处理

1. 求反应级数和速率常数

计算编号Ⅰ～Ⅴ各实验的反应速率，然后利用 $c(I^-)$ 相同的Ⅰ、Ⅱ、Ⅲ号实验，以 $\lg v$ 对 $\lg c(S_2O_8^{2-})$ 作图求 m；利用 $c(S_2O_8^{2-})$ 相同的Ⅰ、Ⅳ、Ⅴ号实验，以 $\lg v$ 对 $\lg c(I^-)$ 作图求 n。最后将 m、n 代入速率方程式求 k。将处理过程所得的数据填入表 3-8 中。

2. 求活化能

将Ⅵ～Ⅸ号 4 种温度的实验数据处理结果填入表 3-9 中。

六、思考题

1. 影响化学反应速率的因素有哪些？
2. 如何通过实验求反应速率、反应级数和活化能？
3. $Na_2S_2O_3$ 的用量过多或过少，对实验结果有何影响？

实验 9　水溶液中的解离平衡

一、目的要求

1. 学习缓冲溶液的配制方法，并试验其缓冲作用。
2. 学习同离子效应和盐类水解及抑制水解的主要因素。
3. 了解沉淀的生成、溶解及转化的条件。

二、实验用品

仪器：离心机。

试剂：HAc 溶液（0.1 $mol \cdot L^{-1}$，1 $mol \cdot L^{-1}$），盐酸（1 $mol \cdot L^{-1}$、6 $mol \cdot L^{-1}$），HNO_3 溶液（6 $mol \cdot L^{-1}$），氨水（2 $mol \cdot L^{-1}$），NaOH 溶液（1 $mol \cdot L^{-1}$），$MgCl_2$ 溶液（0.1 $mol \cdot L^{-1}$），NH_4Cl 饱和溶液，NaAc 溶液（1 $mol \cdot L^{-1}$），Na_2CO_3 溶液（1 $mol \cdot L^{-1}$），NaCl 溶液（0.1 $mol \cdot L^{-1}$、1 $mol \cdot L^{-1}$），$Al_2(SO_4)_3$ 溶液（1 $mol \cdot L^{-1}$），Na_3PO_4 溶液（0.1 $mol \cdot L^{-1}$），Na_2HPO_4 溶液（0.1 $mol \cdot L^{-1}$），NaH_2PO_4 溶液（0.1 $mol \cdot L^{-1}$），$Pb(NO_3)_2$ 溶液（0.001 $mol \cdot L^{-1}$、0.1 $mol \cdot L^{-1}$），KI 溶液（0.001 $mol \cdot L^{-1}$、0.1 $mol \cdot L^{-1}$），$(NH_4)_2C_2O_4$ 饱和溶液，$CaCl_2$ 溶液（0.1 $mol \cdot L^{-1}$），$AgNO_3$ 溶液（0.1 $mol \cdot L^{-1}$），$CuSO_4$ 溶液（0.1 $mol \cdot L^{-1}$），Na_2S 溶液（0.1 $mol \cdot L^{-1}$），K_2CrO_4 溶液（0.005 $mol \cdot L^{-1}$），NaAc（s），$SbCl_3$（s），甲基橙（ω 为 0.001），pH 试纸。

三、实验步骤

（一）同离子效应

1. 取两支小试管，各加入 1 mL 0.1 $mol \cdot L^{-1}$ HAc 溶液及 1 滴甲基橙，混合均匀，溶液呈什么颜色？在一管中加入少量 NaAc（s），观察指示剂颜色的变化。试说明两管颜色不同的原因。

2. 取两支小试管，各加入 5 滴 0.1 $mol \cdot L^{-1}$ $MgCl_2$ 溶液，在其中一支试管中再加入 5 滴饱和 NH_4Cl 溶液，然后分别在这两支试管中加入 5 滴 2 $mol \cdot L^{-1}$ $NH_3 \cdot H_2O$，观察两试管发生的现象有何不同？什么原因？

（二）盐类的水解

1. 在 3 支小试管中分别加入 1 mL 0.1 $mol \cdot L^{-1}$ 的 Na_2CO_3、NaCl 及 $Al_2(SO_4)_3$ 溶液，用 pH 试纸试验它们的酸碱性。解释原因，并写出有关反应方程式。

2. 用 pH 试纸分别试验 0.1 $mol \cdot L^{-1}$ 的 Na_3PO_4、Na_2HPO_4、NaH_2PO_4 溶液的酸碱性。酸式盐是否都呈酸性，为什么？

3. 将少量 $SbCl_3$ 固体加到盛有 1 mL 蒸馏水的小试管中，有什么现象产生？用 pH 试纸试验溶液的酸碱性。逐滴加入 6 $mol \cdot L^{-1}$ 盐酸，沉淀是否溶解？最后将所得溶液稀释，又有什么变化？解释上述现象，写出有关反应方程式。

（三）缓冲溶液

1. 用 1 $mol \cdot L^{-1}$ HAc 和 1 $mol \cdot L^{-1}$ NaAc 溶液配制 pH＝4.0 的缓冲溶液 10 mL，应该如何配制？配好后，用 pH 试纸测定其 pH，检验其是否符合要求？

2. 将上述的缓冲溶液分二等份，在一份中加入 1 $mol \cdot L^{-1}$ 盐酸 1 滴，在另一份中加入 1 $mol \cdot L^{-1}$ NaOH 1 滴，分别测定其 pH。

3. 取两支试管，各加入 5 mL 蒸馏水，用 pH 试纸测定其 pH。然后分别加入 1 $mol \cdot L^{-1}$ 盐酸 1 滴和 1 $mol \cdot L^{-1}$ NaOH 溶液 1 滴，再用 pH 试纸测定其 pH。与上面实验结果比较，说明缓冲溶液的缓冲性能。

四、思考题

1. 判断 $NaHCO_3$ 溶液是否具有缓冲能力？为什么？
2. 如何配制 Sn^{2+}、Bi^{3+}、Sb^{3+}、Fe^{3+} 等盐的水溶液？
3. 为什么 $NaHCO_3$ 水溶液呈碱性，而 $NaHSO_4$ 水溶液呈酸性？

实验 10　氧化还原反应

一、目的要求

1. 理解原电池的装置及浓度对电极电势的影响。
2. 掌握浓度、酸度对氧化还原反应的影响。
3. 熟悉常用氧化剂和还原剂的反应。

二、实验用品

仪器：伏特计，电极架，素烧瓷筒。

试剂：H_2SO_4 溶液（1 mol·L^{-1}）、浓 HNO_3（2 mol·L^{-1}）、NaOH 溶液（6 mol·L^{-1}）、浓氨水、$CuSO_4$ 溶液（1 mol·L^{-1}）、$ZnSO_4$ 溶液（1 mol·L^{-1}）、KBr 溶液（0.1 mol·L^{-1}）、$KMnO_4$ 溶液（0.01 mol·L^{-1}）、$FeCl_3$ 溶液（0.1 mol·L^{-1}）、Na_2SO_3 溶液（0.1 mol·L^{-1}）、KI 溶液（0.1 mol·L^{-1}）、$FeSO_4$ 溶液（0.1 mol·L^{-1}）、KIO_3 溶液（0.1 mol·L^{-1}）、KSCN 溶液（0.1 mol·L^{-1}）、H_2O_2 溶液（ω 为 0.03）、氯水、溴水、硫代乙酰胺溶液（ω 为 0.05）、CCl_4、酚酞试纸、锌粒、铜棒、锌棒。

三、实验步骤

（一）测定原电池的电动势

在 50 mL 小烧杯中加入 15 mL 1 mol·L^{-1} $CuSO_4$ 溶液，在素烧瓷筒中加入 6 mL 1 mol·L^{-1} $ZnSO_4$ 溶液，并将其放入盛有 $CuSO_4$ 溶液的小烧杯中。然后，通过电极架在 $CuSO_4$ 溶液中插入 Cu 棒，在 $ZnSO_4$ 溶液中插入 Zn 棒，两极各连一导线，Cu 极导线与伏特计正极相接，Zn 极与伏特计的负极相接。测量其电动势。

在小烧杯中滴加浓氨水，不断搅拌，直至生成的沉淀完全溶解变成深蓝色的 $Cu(NH_3)_4^{2+}$ 为止。测量其电动势。

再在素烧瓷筒中滴加浓氨水，使沉淀完全溶解变成 $Zn(NH_3)_4^{2+}$。再测量其电动势。

比较以上 3 次测量的结果，说明浓度对电极电势的影响。

（二）电极电势与氧化还原反应的关系

1. 在一支试管中加入 1 mL 0.1 mol·L^{-1}KI 溶液和 5 滴 0.1 mol·$L^{-1}$$FeCl_3$ 溶液，振荡后有什么现象？再加入 0.5 mL CCl_4 充分振荡，CCl_4 层呈何色？反应的产物是什么？

2. 用 0.1 mol·L^{-1} KBr 溶液代替 0.1 mol·L^{-1} KI 溶液进行相同的实验，能否发生反应？为什么？

3. 在一支试管中加入 1 mL 0.1 mol·L^{-1} $FeSO_4$ 溶液，滴加 0.1 mol·L^{-1} KSCN 溶液，溶液颜色有无变化？

在另一支试管中加入 1 mL0.1 mol·L^{-1} $FeSO_4$ 溶液，加数滴溴水，振荡后再滴加 0.1 mol·L^{-1} KSCN 溶液，溶液呈什么颜色？与上一支试管对照，说明试管中发生什么反应？

根据以上实验，比较 Br_2/Br^-、I_2/I^- 和 Fe^{3+}/Fe^{2+} 3 对的电极电势的高低。哪对为最强氧化剂？哪对为最强还原剂？

（三）常见氧化剂和还原剂

1. H_2O_2 的氧化性

在小试管中加入 0.5 mL 0.1 mol·L^{-1} KI 溶液，再加 2～3 滴 1 mol·L^{-1} H_2SO_4 溶液酸化，然后逐滴加入 ω 为 0.03 的 H_2O_2 溶液，振荡试管并观察现象。写出反应的化学方程式。

2. $KMnO_4$ 的氧化性

在小试管中加入 0.5 mL 0.01 mol·L^{-1} $KMnO_4$ 溶液，再加入少量 1 mol·L^{-1} H_2SO_4 溶液酸化，然后逐滴加入 ω 为 0.03 的 H_2O_2 溶液，振荡并观察现象。写出反应的化学方程式。

3. H_2S 的还原性

在小试管中加入 1 mL 0.1 mol·L^{-1} $FeCl_3$ 溶液，滴加 10 滴 ω 为 0.05 的硫代乙酰胺溶液，振荡并在水浴上微热，有什么现象？写出反应式。

4. KI 的还原性

在小试管中加入 0.5 mL 0.1 mol·L^{-1} KI 溶液，逐滴加入氯水，边加边振荡，注意溶液颜色的变化。继续滴入氯水，溶液的颜色又有什么变化？写出化学反应方程式。

（四）浓度、介质对氧化还原反应的影响

1. 浓度对氧化还原反应的影响

在两支盛有锌粒的试管中，分别加入 1 mL 浓 HNO_3 和 2 mol·L^{-1} HNO_3 溶液，

观察所发生的现象。不同浓度的 HNO_3 与 Zn 作用的反应产物和反应速率有什么不同？稀 HNO_3 的还原产物可用检验溶液中是否有 NH_4^+ 的办法来确定。

2. 介质对氧化还原反应的影响

（1）介质对氧化还原反应方向的影响

在一支盛有 1 mL 0.1 mol·L^{-1} KI 溶液的试管中，加入数滴 1 mol·L^{-1} H_2SO_4 酸化，然后逐滴加入 0.1 mol·L^{-1} KIO_3 溶液，振荡并观察现象。写出反应的化学方程式。然后在该试管中再逐滴加入 6 mol·L^{-1} NaOH 溶液，振荡后又有什么现象产生？写出反应的化学方程式。

（2）介质对氧化还原反应产物的影响

在 3 支各盛有 5 滴 0.01 mol·L^{-1} $KMnO_4$ 溶液的试管中，分别加入 1 mol·L^{-1} H_2SO_4 溶液、蒸馏水和 6 mol·L^{-1} NaOH 溶液各 0.5 mL，混合后再逐滴加入 0.1 mol·L^{-1} $NaSO_3$ 溶液。观察溶液的颜色变化。写出反应的化学方程式。

四、思考题

1. H_2O_2 为什么既可以做氧化剂又可以做还原剂？写出相关的电极反应，说明 H_2O_2 在什么情况下可以做氧化剂，在什么情况下可以做还原剂？

2. 金属铁分别与盐酸和 HNO_3 作用，得到的主要产物是什么？

实验 11　配合物的生成和性质

一、目的要求

1. 学习配离子的稳定性。
2. 了解配位离解平衡与其他平衡之间的关系。
3. 了解一些配合物的应用。

二、试剂

盐酸（1 mol·L^{-1}），NH_3·H_2O（2 mol·L^{-1}、6 mol·L^{-1}），KI 溶液（0.1 mol·L^{-1}），KBr 溶液（0.1 mol·L^{-1}），K_4[Fe（CN）$_6$] 溶液（0.1 mol·L^{-1}），K_3[Fe（CN）$_6$] 溶液（0.1 mol·L^{-1}），NaCl 溶液（0.1 mol·L^{-1}），Na_2S 溶液（0.1 mol·L^{-1}），$Na_2S_2O_3$ 溶液（0.1 mol·L^{-1}），EDTA 二钠盐溶液（0.1 mol·L^{-1}），NH_4SCN 饱和溶液（0.1 mol·L^{-1}），$(NH_4)_2C_2O_4$ 饱和溶液，NH_4F 溶液（2 mol·L^{-1}），$AgNO_3$ 溶液（0.1 mol·L^{-1}），$CuSO_4$ 溶液（0.1 mol·L^{-1}），$HgCl_2$ 溶液（0.1 mol·L^{-1}），$FeCl_3$（0.1 mol·L^{-1}），Ni^{2+} 试液，Fe^{3+} 和 Co^{2+} 混合试液，碘水，锌粉，二乙酰二肟溶液（ω 为 0.01），乙醇（ω 为 0.95），戊醇等。

三、实验步骤

1. 简单离子与配离子的区别

在分别盛有 2 滴 0.1 mol·L^{-1} $FeCl_3$ 溶液和 K_3［Fe（CN)$_6$］溶液的两支试管中，分别滴入 2 滴 0.1 mol·L^{-1} NH_4SCN 溶液，有何现象？两种溶液中都有 Fe（Ⅲ），如何解释上述现象？

2. 配离子稳定性的比较

（1）往盛有 2 滴 0.1 mol·L^{-1} $FeCl_3$ 溶液的试管中，滴入数滴 0.1 mol·L^{-1} NH_4SCN 溶液，观察有何现象？然后再逐滴加入饱和 $(NH_4)_2C_2O_4$ 溶液，观察溶液颜色有何变化？写出相关反应的化学方程式，并比较 Fe^{3+} 的两种配离子的稳定性大小。

（2）在盛有 10 滴 0.1 mol·L^{-1} $AgNO_3$ 溶液的试管中，加入 10 滴 0.1 mol·L^{-1} NaCl 溶液，微热，分离除去上层清液，然后在该试管中按下列的次序进行试验：

a. 滴加 6 mol·L^{-1}氨水（不断摇动试管）至沉淀刚好溶解。

b. 滴加 10 滴 0.1 mol·L^{-1} KBr 溶液，有什么沉淀生成？

c. 除去上层清液，滴加 1 mol·L^{-1} $Na_2S_2O_3$ 溶液至沉淀溶解。

d. 滴加 0.1 mol·L^{-1} KI 溶液，又有什么沉淀生成？

写出以上各反应的化学方程式，并根据实验现象比较：

a. $[Ag(NH_3)_2]^+$、$[Ag(S_2O_3)_2]^{3-}$的稳定性大小；

b. AgCl、AgBr、AgI 的 K_{sp}^{θ}大小。

（3）在 0.5 mL 碘水中，逐滴加入 0.1 mol·L^{-1} $K_4[Fe(CN)_6]$ 溶液，振荡，有什么现象？写出反应的化学反应式。

结合 Fe^{3+} 可以把 I^- 氧化成 I_2 这一实验结果，试比较 $\varphi(Fe^{3+}/Fe^{2+})$ 与 $\varphi^{\theta}([Fe(CN)_6]^{3-}/[Fe(CN)_6]^{4-})$ 的大小，并根据两者电极电势的大小，比较 $[Fe(CN)_6]^{3-}$ 和 $[Fe(CN)_6]^{4-}$ 稳定性的大小。

3. 配位解离平衡的移动

在盛有 5 mL 0.1 mol·L^{-1} $CuSO_4$ 溶液的小烧杯中加入 6mol·L^{-1}氨水，直至最初生成的碱式盐 $Cu_2(OH)_2SO_4$ 沉淀又溶解为止。然后加入 6 mL ω 为 0.95 的乙醇。观察晶体的析出。将晶体过滤，用少量乙醇洗涤晶体，观察晶体的颜色。写出反应的化学方程式。

取上面制备的 $[Cu(NH_3)_4]SO_4$ 晶体少许溶于 4 mL 2 mol·L^{-1} $NH_3·H_2O$ 中，得到含 $Cu(NH_3)_4^{2+}$ 的溶液。今欲破坏该配离子，请按下述要求，自己设计实验步骤进行实验，并写出有关反应式。

（1）利用酸碱反应破坏 $Cu(NH_3)_4^{2+}$。

（2）利用沉淀反应破坏 $Cu(NH_3)_4^{2+}$。

(3) 利用氧化还原反应破坏 $Cu(NH_3)_4^{2+}$。

提示：

$$Cu(NH_3)_4^{2+}+2e^- = Cu+4NH_3, \ \varphi^\theta=-0.02\ V;$$

$$Zn(NH_3)_4^{2+}+2e^- = Zn+4NH_3, \ \varphi^\theta=-1.02\ V。$$

(4) 利用生成更稳定配合物（如螯合物）的方法破坏 $Cu(NH_3)_4^{2+}$。

4. 配合物的某些应用

(1) 利用生成有色配合物定性鉴定某些离子 Ni^{2+} 与二乙酰二肟作用生成鲜红色螯合物沉淀。二乙酰二肟是弱酸，H^+ 浓度太大，Ni^{2+} 沉淀不完全或不生成沉淀。但 OH^- 的浓度也不宜太大，否则会生成 $Ni(OH)_2$ 的沉淀。合适的酸度是 pH 为 5～10。

在白色滴板上加入 Ni^{2+} 试液 1 滴，6 mol·L^{-1} 氨水 1 滴和 ω 为 0.01 的二乙酰二肟溶液 1 滴，有鲜红色沉淀生成表示有 Ni^{2+} 存在。

(2) 利用生成配合物掩蔽干扰离子。在定性鉴定中如果遇到干扰离子，常常利用形成配合物的方法把干扰离子掩蔽起来。例如 Co^{2+} 的鉴定，可利用它与 SCN^- 反应生成 $[Co(SCN)_4]^{2-}$，该配离子易溶于有机溶剂呈现蓝绿色。若 Co^{2+} 溶液中含有 Fe^{3+}，因 Fe^{3+} 遇 SCN^- 生成红色的配离子而产生干扰。这时，我们可利用 Fe^{3+} 与 F^- 形成更稳定的无色 $[FeF_6]^{3-}$，把 Fe^{3+} "掩蔽"起来，从而避免它的干扰。

取 Fe^{3+} 和 Co^{2+} 混合试液 2 滴于一试管中，加 8～10 滴饱和 NH_4SCN 溶液，有什么现象产生？逐滴加入 2 mol·L^{-1} NH_4F 溶液，并摇动试管，有何现象？最后加戊醇 6 滴，振荡试管，静置，观察戊醇层的颜色（这是 Co^{2+} 的鉴定方法）。

(3) 硬水软化。取两只 100 mL 烧杯各盛 50 mL 自来水（用井水效果更明显），在其中一只烧杯中加入 3～5 滴 0.1 mol·L^{-1} EDTA 二钠盐溶液。然后将两只烧杯中的水加热煮沸 10 min。可以看到未加 EDTA 二钠盐溶液的烧杯中有白色 $CaCO_3$ 等悬浮物生成，而加 EDTA 二钠盐溶液的烧杯中则没有，这表明水中 Ca^{2+} 等阳离子发生了什么变化？为什么没有白色悬浮物产生？

四、思考题

1. 可用哪些不同类型的反应，使 $[FeSCN]^{2+}$ 的红色褪去？
2. 衣服上沾有铁锈时，常用草酸去洗，试说明原理。
3. 请用适当的方法将下列各组化合物逐一溶解：

(1) AgCl、AgBr、AgI。

(2) CuC_2O_4、CuS。

(3) $Mg(OH)_2$、$Zn(OH)_2$、$Al(OH)_3$。

第四章　分析化学部分实验

实验 1　盐酸标准溶液的配制与标定

一、目的要求

1. 练习溶液的配制和滴定，进一步掌握滴定操作。
2. 学会用基准物质标定盐酸浓度的方法。
3. 了解强酸弱碱盐滴定过程中 pH 的变化。
4. 熟悉指示剂的变色观察，掌握终点的控制。

二、实验原理

由于浓盐酸易挥发，若直接配制准确度差，因此配制盐酸标准溶液要用间接配制法。

标定盐酸的基准物质常用无水碳酸钠，无水碳酸钠做基准物质的优点是容易提纯，价格便宜。缺点是碳酸钠摩尔质量较小，具有吸湿性。因此 Na_2CO_3 固体需先在 270～300 ℃高温炉中灼烧至恒重，然后置于干燥器中冷却后备用。计量点时溶液的 pH 为 3.89，用改良甲基橙做指示剂，用待标定的盐酸溶液滴定至溶液由绿色变为无色即为终点。根据 Na_2CO_3 的质量和所消耗的盐酸体积，可以计算出盐酸的准确浓度。

用 Na_2CO_3 标定时反应：$2HCl + Na_2CO_3 \longrightarrow 2NaCl + H_2O + CO_2\uparrow$。

反应本身由于产生 H_2CO_3 会使滴定突跃不明显，致使指示剂颜色变化不够敏锐，因此，接近滴定终点之前，最好把溶液加热煮沸，并摇动以赶走 CO_2，冷却后再滴定。

三、仪器及试剂

仪器：25 mL 酸式滴定管、25 mL 移液管、烧杯、锥形瓶、玻璃棒、250 mL 容量瓶。
试剂：无水 Na_2CO_3、浓盐酸、改良甲基橙指示剂。

四、实验内容

1. 0.1 mol/L 盐酸标准溶液的配制

量取 9 mL 浓盐酸，注入 1 L 试剂瓶中，加蒸馏水稀释至 1 L，盖上玻璃塞，摇匀。

2. 盐酸标准溶液的标定

取在 270～300 ℃干燥至恒重的基准无水碳酸钠约 0.12～0.14 g，精密称定 3 份，分别置于 250 mL 锥形瓶中，加 50 mL 蒸馏水溶解后，加 2～3 滴甲基橙做指示剂，用配制好的盐酸溶液滴定至溶液由绿色变为无色，记下盐酸溶液所消耗的体积。平行测定 2～3 次。

五、数据记录与结果处理

将用 Na_2CO_3 标定盐酸浓度的数据列入表 4-1 中。

表 4-1　用 Na_2CO_3 标定盐酸数据记录表

项　目	编　号		
	Ⅰ	Ⅱ	Ⅲ
无水碳酸钠重/g			
盐酸终读数/mL			
盐酸初读数/mL			
V(HCl)/mL			
c(HCl)/(mol/L)			
$\bar{c}$(HCl)/(mol/L)			
相对平均偏差/%			

六、注意事项

1. 干燥至恒重的无水碳酸钠有吸湿性，宜采用“减量法”称取。

2. Na_2CO_3 在 270～300 ℃加热干燥，目的是除去其中的水分及少量 $NaHCO_3$。加热过程中（可在沙浴中进行），要翻动几次，使受热均匀。

3. 近终点时，滴定速度应减慢。

七、思考题

1. 为什么不能用直接法配制盐酸标准溶液？
2. 实验中所用锥形瓶是否需要烘干？加入蒸馏水的量是否需要准确？
3. 为什么盐酸标准溶液配制后，都要经过标定？
4. 标定盐酸溶液的浓度除了用 Na_2CO_3 外，还可以用哪种基准物质？
5. 用 Na_2CO_3 标定盐酸溶液时能否用酚酞作指示剂？
6. 平行滴定时，第一份滴定完成后，若剩下的滴定溶液还足够做第二份滴定时，是否可以不再添加滴定溶液而继续往下滴第二份？为什么？

7. 配制酸碱溶液时，所加水的体积是否需要很准确？

8. 酸式滴定管未洗涤干净挂有水珠，对滴定时所产生的误差有何影响？滴定时用少量水吹洗锥形瓶壁，对结果有无影响？

9. 盛放 Na_2CO_3 的锥形瓶是否需要预先烘干？加入的水量是否需要准确？

10. 试分析实验中产生误差的原因。

实验 2　混合碱中碳酸钠和碳酸氢钠含量的测定（酸碱滴定法）

一、实验目的

1. 进一步熟练滴定操作和滴定终点的判断。
2. 学会标定酸标准溶液的浓度。
3. 掌握混合碱分析的测定原理、方法和计算。

二、实验原理

混合碱是 Na_2CO_3 与 $NaHCO_3$ 的混合物，可采用双指示剂法进行分析，测定各组分的含量。在混合碱的试液中加入酚酞指示剂，用盐酸标准溶液滴定至溶液呈无色。此时试液中 Na_2CO_3 仅被滴定成 $NaHCO_3$，即 Na_2CO_3 只被中和了一半。反应如下：

$$Na_2CO_3 + HCl = NaHCO_3 + NaCl,$$

记录此时消耗的盐酸体积为 V_1 mL。

再加入甲基橙指示剂，继续用盐酸标准溶液滴定至溶液由黄色变为橙色即为终点。此时 $NaHCO_3$ 被中和成 H_2CO_3，具体的化学反应方程式：

$$NaHCO_3 + HCl = NaCl + H_2O + CO_2\uparrow,$$

记录此时消耗盐酸标准溶液的体积为 V_2 mL。

三、试剂及仪器

试剂：混合碱样品、0.1 mol/L 盐酸标准溶液、甲基橙（1 g/L 水溶液）、酚酞（2 g/L 乙醇溶液）、蒸馏水。

仪器：分析天平、酸式滴定管、250 mL 锥形瓶、铁架台、烧杯。

四、实验步骤

用减量法准确称取试样 2.00 g 于烧杯中，加少量水使其溶解后，定量转移到 250 mL 的容量瓶中，加水稀释至刻度线，摇匀。

用移液管移取 25.00 mL 混合碱液于 250 mL 锥形瓶中，加 2～3 滴酚酞，以

0.1 mol/L 盐酸标准溶液滴定至红色变为无色，为第一终点，记下盐酸标准溶液体积。

再加入 2 滴甲基橙，继续用盐酸标准溶液滴定至溶液由黄色恰好变成橙色且 30 s 不褪色，为第二终点，记下盐酸标准溶液体积。平行测定 3 次，计算各组分的含量。

五、实验记录与结果处理

将数据与结果填入表 4-2 中。

表 4-2　盐酸溶液滴定混合碱溶液

（c(HCl)：______ $mol \cdot L^{-1}$；取样体积：______ mL）

项　目		编　号		
		Ⅰ	Ⅱ	Ⅲ
酚酞指示剂	盐酸第 2 次读数/mL			
	盐酸开始读数/mL			
	V_1(HCl)/mL			
	$\overline{V}_1$(HCl)/mL			
甲基橙指示剂	盐酸最后读数 $V_{终点}$/mL			
	盐酸第 2 次读数/mL			
	V_2(HCl)/mL			
	$\overline{V}_2$(HCl)/mL			

计算混合碱中各组分的含量。Na_2CO_3 与 $NaHCO_3$ 的混合物计算公式：

$$w(Na_2CO_3)=\frac{c(HCl)\cdot\overline{V}_1\cdot M_{Na_2CO_3}}{V_{试液}},$$

$$w(NaHCO_3)=\frac{c(HCl)\cdot(\overline{V}_2-\overline{V}_1)\cdot M_{NaHCO_3}}{V_{试液}}。$$

六、注意事项

1. 在达到第一终点前，不要因为滴定速度过快，造成溶液中 HCl 局部过浓，引起 CO_2 的损失，带来较大的误差，滴定速度也不能太慢，摇动要均匀。

2. 临近终点时，一定要充分摇动，以防形成 CO_2 的过饱和溶液而使终点提前到达。

七、思考题

1. 称量基准物无水碳酸钠时应注意什么问题？

2. HCl 和 NaOH 标准溶液能否用直接配制法配制？为什么？

实验 3　氢氧化钠标准溶液的配制和标定

一、实验目的

1. 学会配制一定浓度的标准溶液的方法。
2. 学会用滴定法测定酸碱溶液浓度的原理和操作方法。
3. 进一步练习滴定管、移液管的使用。
4. 初步掌握酸碱指示剂的选择方法。熟悉指示剂的使用和终点的判据。

二、实验原理

由于 NaOH 容易吸收空气中的水分和 CO_2，故不能直接配制成标定溶液，必须经过标定以确定其准确的浓度。标定 NaOH 溶液的基准物质主要有邻苯二甲酸氢钾（$KHC_8H_4O_4$，摩尔质量为 204.2 g/mol）、草酸（$H_2C_2O_4 \cdot 2H_2O$，摩尔质量 126.07 g/mol ）等，其中以邻苯二甲酸氢钾使用最广泛。邻苯二甲酸氢钾，容易制得纯品，不含结晶水，在空气中不吸水，容易保存，摩尔质量大，比较稳定，是较好的基准物质。它与氢氧化钠反应的化学方程式：

$$C_6H_4COOHCOOK + NaOH \longrightarrow C_6H_4COONaCOOK + H_2O。$$

反应物之间的化学计量比为 1∶1。化学计量点的产物邻苯二甲酸钾钠是二元弱碱（$K_{b1} = 2.6 \times 10^{-9}$），因此化学计量点时的溶液为弱碱性，pH≈9。选用酚酞做指示剂，滴定终点由无色变为浅红色。

三、仪器和试剂

仪器：50 mL 碱式滴定管、250 mL 锥形瓶、容量瓶、分析天平。

试剂：邻苯二甲酸氢钾（基准试剂）：先置于 105～110 ℃电烘箱中干燥至恒重，保存于干燥器中；氢氧化钠固体（AR）；10 g/L 酚酞指示剂：1 g 酚酞溶于适量乙醇中，再稀释至 100 mL。

四、实验步骤

1. 0.1 mol/L NaOH 标准溶液的配制

称取 4 g 氢氧化钠固体，溶于 250 mL 烧杯中，加蒸馏水使之溶解后，倒入带橡皮塞的 1 L 试剂瓶中，用蒸馏水稀释至 1 L，盖上玻璃盖，摇匀。

2. 0.1 mol/L NaOH 标准溶液的标定

用差减称量法准确称取邻苯二甲酸氢钾 0.4～0.6 g 3 份，分别放入 250 mL 锥形瓶中，各加入 20～30 mL 蒸馏水溶解后（可稍微加热），加 1～2 滴酚酞指示液，用待标定的 NaOH 溶液滴定至溶液呈由无色变为微红，并保持 30 s 内不褪色即为终点。根据所消耗的 NaOH 的体积，计算 NaOH 溶液的浓度及平均值。

五、数据计算

氢氧化钠标准滴定溶液的浓度［$c(NaOH)$］，数值以摩尔每升（mol/L）表示，按下式计算：

$$c(NaOH) = \frac{m(KHC_8H_4O_4)}{(V_1 - V_2)\ M(KHC_8H_4O_4)} \times 10^3,$$

式中：m—邻苯二甲酸氢钾的质量的准确数值，单位为克（g）；V_1—氢氧化钠溶液的体积的数值，单位为毫升（mL）；V_2—空白试验氢氧化钠溶液的体积的数值，单位为毫升（mL）；M—邻苯二甲酸氢钾的摩尔质量的数值，单位为克每摩尔（g/mol）［$M(KHC_8H_4O_4)=204.22$］。

六、数据记录与结果处理

计算 NaOH 溶液的浓度及所标定浓度的相对平均偏差，并将数据填入表 4-3 中。

表 4-3　NaOH 溶液的浓度测定

项　目	编　号		
	Ⅰ	Ⅱ	Ⅲ
称量瓶和 $KHC_8H_4O_4$ 质量/g（倾倒前）			
称量瓶质量/g（倾倒后）			
$KHC_8H_4O_4$ 质量/g			
(V_1-V_2) /mL			
$c(NaOH)$ /$(mol \cdot L^{-1})$			
$c(NaOH)$ /$(mol \cdot L^{-1})$			
相对偏差/%			
相对平均偏差/%			

七、注意事项

1. 称量邻苯二甲酸氢钾时，所用锥形瓶外壁要干燥并编号（以后称量同）。

2. NaOH 饱和溶液侵蚀性很强，长期保存最好用聚乙烯塑料化学试剂瓶贮存（用一般的饮料瓶会因被腐蚀而瓶底脱落）。在一般情况下，可用玻璃瓶贮存，但必须用橡皮塞。

八、思考题

1. 为什么 NaOH 标准溶液配制后，要经过标定？

2. 市售的 NaOH 试剂中常有少量的 Na_2CO_3 等杂质，它们与酸作用即生成 CO_2，这对滴定终点有无影响？在配制 NaOH 标准溶液时，应采取什么措施？

3. 用邻苯二甲酸氢钾标定氢氧化钠溶液时，为什么用酚酞做指示剂而不用甲基红或甲基橙做指示剂？

4. 称取 NaOH 及邻苯二甲酸氢钾各用什么天平？为什么？

5. 标定时用邻苯二甲酸氢钾比用草酸有什么好处？

实验 4　铵盐中氮含量的测定（酸碱滴定法）

一、实验目的

1. 学会用基准物质标定标准溶液浓度的方法。
2. 掌握甲醛法测定铵盐中氮含量的原理和方法。
3. 熟练掌握碱式滴定管、移液管及容量瓶的使用。
4. 熟练掌握电子天平的使用方法。

二、实验原理

铵盐 NH_4Cl 和 $(NH_4)_2SO_4$ 是常用的氮肥，系强酸弱碱盐，由于 NH_4^+ 的酸性太弱（$K_a=5.6\times10^{-10}$），故无法用 NaOH 标准溶液直接滴定。生产和实验室中广泛采用甲醛法测定铵盐中的含氮量。甲醛法是基于如下化学反应：

$$4NH_4^+ + 6HCHO = (CH_2)_6N_4H^+ + 3H^+ + 6H_2O。$$

生成的 H^+ 和 $(CH_2)_6N_4H^+$（$K_a=7.1\times10^{-6}$）可用 NaOH 标准溶液滴定，计量点时产物为 $(CH_2)_6N_4$，其水溶液显微碱性，pH 约为 8.7，可选用酚酞做指示剂。

三、仪器和试剂

0.1 mol/L NaOH 标准溶液；甲醛溶液（200 g/L）；0.1% 酚酞指示剂；$(NH_4)_2SO_4$ 试样。

50 mL 碱式滴定管一支，10 mL 和 25 mL 移液管各一支，250 mL 锥形瓶 3 个，250 mL 烧杯等。

四、实验内容

1. 甲醛溶液去酸处理：取原装甲醛上层清液于烧杯中，用水稀释一倍，加入 1～

2 滴酚酞指示剂，用 0.1 mol/L NaOH 溶液滴定至甲醛溶液呈淡红色。

2. 称取 2～3 g $(NH_4)_2SO_4$ 试样于干燥烧杯中，加入适量蒸馏水溶解后，定量转移到 250 mL 容量瓶中，用水稀释至刻度，摇匀。

3. 用移液管移取上述试液 25.00 mL 于 250 mL 锥形瓶中，加入 10 mL 已处理的 200 g/L 的甲醛溶液，充分摇匀，静置 1 min 后，加 2～3 滴酚酞指示剂，用 0.1 mol/L NaOH 滴定至溶液呈微红色，且 30 s 不褪色，即为终点。记录数据，平行测定 3 份，计算试样中的含氮量，以 n(N) 表示，要求相对偏差为−0.2%～0.2%。

五、数据记录与结果处理

将数据与结果填入表 4-4 中。

表 4-4　铵盐中铵态氮的测定

项　目	编　号		
	Ⅰ	Ⅱ	Ⅲ
铵盐试样的浓度/(g/mL)			
移取试液的体积/mL			
NaOH 溶液：最后读数/mL 最初读数/mL 净用量/mL			
N 的含量			
平均值			
相对平均偏差			

六、注意事项

1. 测定前，必须先去除甲醛中的游离酸。
2. 甲醛法只适用于氯化铵、硫酸铵等强酸铵盐中氮含量的测定。

七、思考题

1. 铵盐中氮的测定为何不采用 NaOH 直接滴定法？

2. 为什么中和甲醛试剂中的甲酸以酚酞做指示剂；而中和铵盐试样中的游离酸则以甲基红做指示剂？

3. NH_4HCO_3 中含氮量的测定，能否用甲醛法？

实验 5　EDTA 标准溶液的配制与标定

一、实验目的

1. 掌握 EDTA 标准溶液的配制与标定
2. 掌握使用铬黑 T 指示剂的条件和正确判断终点的方法

二、实验原理

EDTA 是常用的螯合滴定剂，常用 Zn、ZnO、$CaCO_3$ 等基准物来标定其准确浓度。为了减少测定误差提高分析结果的准确度，尽可能使标定条件与测定条件一致。如测定 Ca^{2+}、Mg^{2+}，可用 $CaCO_3$ 为基准物标定，指示剂用铬黑 T，在 pH 为 10 的氨性缓冲液中进行标定。为提高滴定终点变色的敏锐性，在氨性缓冲液中加入一定量的 MgY^{2-}。滴定过程如下：

滴定前：$Ca^{2+}+MgY^{2-} = CaY^{2-}+Mg^{2+}$，

$Mg^{2+}+EBT = Mg—EBT$（酒红色）；

滴定中：$Ca^{2+}+H_2Y^{2-}+2OH^- = CaY^{2-}+2H_2O$；

滴定终点：$Mg—EBT+H_2Y^{2-}+2OH^- = MgY^{2-}+2H_2O+EBT$（纯蓝色）。

当溶液颜色由酒红色恰好变为纯蓝色，且 30 s 不褪色时，表示滴定终点到达。加入的 MgY^{2-}，最后还是生成等量的 MgY^{2-}，对滴定的结果无影响。

三、试剂

$Na_2H_2Y\cdot 2H_2O$；$CaCO_3$（AR）120 ℃干燥 2 h，置干燥器备用；EBT 指示剂：0.5 g 铬黑 T 加 75 mL 三乙醇胺，25 mL 乙醇溶解而成；1∶1 盐酸溶液；氨性缓冲液（pH≈10）：54 g 的 NH_4Cl 溶于少量水中，加 394 mL 浓氨水，加入按下法配好的 MgY 溶液，加水稀释至 1 升。

MgY 盐的配制：称取 0.25 g 的 $MgCl_2\cdot 6H_2O$ 于烧杯中，用少量水溶解后转移入 100 mL 容量瓶，加水稀释至刻度，摇匀。准确吸取 50.00 mL 于锥形瓶中，加 5 mL NH_3-NH_4Cl 缓冲液，4～5 滴 EBT 指示剂，用 0.02 mol/L 的 EDTA 溶液滴定至溶液由酒红色变为纯蓝色，记下所消耗的 EDTA 体积 V。取 V mL EDTA 加入容量瓶剩余的镁溶液中，摇匀，即 MgY 溶液。将此溶液全部倒入上述缓冲液中。

四、实验步骤

1. 0.01 mol/L EDTA 溶液的配制

称取 2 g 的 EDTA 于小烧杯中，加入少量水，加热溶解后，稀释至 500 mL，贮于塑料瓶中。

2. EDTA 溶液的标定

准确称取 $CaCO_3$ 0.25～0.30 g 一份，加入 250 mL 烧杯中，用少量水润湿，盖上表面皿，从烧杯嘴慢慢滴入 10 mL 1∶1 的盐酸溶液，轻摇，待完全溶解后，小心加热至沸 1 min，放置至冷却，用少量水清洗表面皿底部和烧杯内壁。完全移入 250 mL 容量瓶中，定容，摇匀，备用。

用移液管准确吸取 20.00 mL Ca^{2+} 溶液 3 份，分别放入 3 个 250 mL 的锥形瓶中，加 20 mL 水，10 mL 氨性缓冲液，4～5 滴 EBT，用 EDTA 溶液进行滴定。终点颜色：酒红色恰好变为纯蓝色，且 30 s 不褪色，记下消耗的 EDTA 体积 V。平行标定 3 次，计算 EDTA 的浓度 c（EDTA）。

五、思考题

1. 本次实验为什么要加入氨性缓冲液？NH_3-NH_4Cl 起什么作用？MgY 盐起什么作用？能否用 HAc-NaAc 代替 NH_3-NH_4Cl？

2. 用 1∶1 的盐酸溶液溶解固体 $CaCO_3$ 时，为什么要盖上表面皿？之后为什么要用水清洗表面皿底部和烧杯内壁？

实验 6　水总硬度的测定（配位滴定法）

一、目的要求

1. 掌握测定自来水总硬度的原理及方法。
2. 了解铬黑 T（EBT）指示剂的变色原理及条件。
3. 了解 NH_3-NH_4Cl 缓冲液在配位滴定中的作用。

二、实验原理

水中 Ca^{2+}、Mg^{2+} 含量是计算水硬度的主要指标。测定水样的总硬度，就是测定水样中 Ca^{2+}、Mg^{2+} 的总含量，然后换算为相应的硬度单位。

一般先用盐酸酸化并加热，使水样中的 HCO_3^- 分解，防止在后面加入碱时生成碳酸盐沉淀而使测量结果偏低。然后再在 pH＝10 的氨性缓冲液中，以铬黑 T（EBT）为指示剂，用 EDTA 标准溶液滴定至终点。

滴定前：Mg^{2+} ＋EBT（纯蓝色）$\longrightarrow$ Mg—EBT（酒红色）；

滴定过程：$Ca^{2+} + H_2Y^{2-} + 2OH^- \longrightarrow CaY^{2-} + 2H_2O$，

$Mg^{2+} + H_2Y^{2-} + 2OH^- \longrightarrow MgY^{2-} + 2H_2O$；

滴定终点：Mg—EBT（酒红色）$+ H_2Y^{2-} + 2OH^- = MgY^{2-}$ ＋EBT（纯蓝色）$+ 2H_2O$。

其中稳定性关系：CaY^{2-}＞MgY^{2-}＞Mg—EBT＞Ca—EBT。

滴定时水中微量 Al^{3+}、Fe^{3+} 的干扰可加三乙醇胺掩蔽；Cu^{2+}、Zn^{2+} 等重金属离子的干扰可加 Na_2S 或 KCN 掩蔽。

Ca^{2+}、Mg^{2+} 共存时分别测定 Ca^{2+}、Mg^{2+} 的含量，先将水样用 NaOH 溶液调节至 pH＞12（pH＝12～14），此时 Mg^{2+} 完全转为 $Mg(OH)_2$ 沉淀，但 Ca^{2+} 不沉淀，加钙指示剂（NN）用 EDTA 标准溶液滴定至终点。

滴定前：Ca^{2+}＋NN（蓝色）$\longrightarrow$Ca—NN（红色），

滴定过程：$Ca^{2+} + H_2Y^{2-} + 2OH^- \longrightarrow CaY^{2-} + 2H_2O$，

滴定终点：Ca—NN（红色）＋$H_2Y^{2-} + 2OH^- \longrightarrow CaY^{2-} + 2H_2O$＋NN（蓝色）。

从 EDTA 标准溶液的浓度和用量计算样品中 Ca^{2+}、Mg^{2+} 的总量然后换算为相应的硬度单位。

各国对水的硬度的表示方法各有不同，其中德国硬度是较早的一种，也被我国所采用。它以度数计，1°相当于 1 L 水中含 10 mg CaO 所引起的硬度。现在我国《生活饮用水卫生标准》GB 5749—1985 规定城乡生活饮用水总硬度（以碳酸钙计）不得超过 450 mg/L。

三、试剂

1∶1 盐酸溶液；0.01 mol/L EDTA 标准液；20%三乙醇胺水溶液；2% Na_2S 溶液。

NH_3-NH_4Cl 缓冲液（pH＝10）：20 g 的 NH_4Cl 溶于少量水，加 100 mL 浓氨水（15 mol/L），加水稀释至 1 L；0.5%铬黑 T 指示剂：0.5 g 铬黑 T 加 75 mL 三乙醇胺，再加 25 mL 无水乙醇；钙指示剂（NN）：与无水 Na_2SO_4 以 1∶100 比例或与 NaCl 以 1∶100 比例混合，研磨均匀混合，贮于棕色瓶中，置于干燥器中。

四、实验步骤

1. 水样的总硬度：水中 Ca^{2+}、Mg^{2+} 的总量测定

用 50 mL 移液管吸取水样 100.00 mL 两份于两只 250 mL 锥瓶中，各加 1∶1 盐酸溶液数滴酸化（用刚果红试纸试验，由红变蓝），微沸 2 min，冷却后加 20%三乙醇胺溶液 5 mL 和 NH_3-NH_4Cl 缓冲液 10 mL 及 2% Na_2S 溶液 1 mL，再加 2～3 滴铬黑 T 指示剂，在相同的条件下以 EDTA 标准溶液滴定至溶液由酒红色恰好变为纯蓝色，即为滴定终点。记录用去的 EDTA 体积 V_1。用同样的方法平行测定 3 份。

2. 水样中 Ca^{2+}、Mg^{2+} 的分别测定

另取 100.00 mL 水样两份于两只 250 mL 锥瓶中，各加 1∶1 盐酸溶液数滴酸化，微沸 2 min，冷却后加 20%三乙醇胺溶液 5 mL 和 10% NaOH 溶液 10 mL，使溶液 pH 值达到 12～14，再加约 30 mg 钙指示剂（小心不要加得太多，先加少量，颜色不够红再加），在相同条件下以 EDTA 标准溶液滴定至溶液由红色恰好变为蓝色，即为滴定终点，记录用去的 EDTA 体积 V_2，每升水样中含有的 Ca^{2+} 或 Mg^{2+} 的毫克数按下式计算：

$$Ca^{2+}(mg/L)=\frac{c(EDTA)\times V_2\times M_{Ca}}{V}\times 1000,$$

$$Mg^{2+}(mg/L)=\frac{c(EDTA)\times(V_1-V_2)\times M_{Mg}}{V}\times 1000。$$

五、注释

1. 一般水样的测定因干扰离子浓度很低可以不加掩蔽剂，亦可不必在滴定前酸化处理，直接加缓冲液即可滴定。

2. Mg^{2+}的含量很低时，终点变色不敏锐，可以预先在NH_3-NH_4Cl缓冲液中加入适量的MgY。

3. 三乙醇胺做掩蔽剂掩蔽Fe^{3+}、Al^{3+}，必须在酸性溶液中加入，然后再以碱调节pH值至碱性，否则达不到掩蔽效果。

4. 若用KCN掩蔽Cu^{2+}、Zn^{2+}等离子，必须在碱性溶液中使用，若在酸性溶液中使用，则易产生挥发性的HCN剧毒气体，造成空气污染。

5. 测定Ca^{2+}时，加入NaOH生成$Mg(OH)_2$沉淀，若沉淀量多则可能吸附Ca^{2+}，使Ca^{2+}的测定结果偏低，此时须加入糊精或阿拉伯树胶，以消除吸附现象。糊精浓度为5%，加入约10 mL，再以EDTA滴定至指示剂变蓝色。

六、思考题

1. 什么叫水的硬度？水的硬度有哪几种表示方法？
2. 水样滴定前为什么须先用盐酸酸化？

实验7　钙制剂中钙含量的测定（配位滴定法）

一、实验目的

1. 学会钙制剂的溶样方法。
2. 掌握钙离子的测定方法。

二、实验原理

钙制剂一般用酸溶解并加入少量三乙醇胺，以消除Fe^{3+}等干扰离子，调节至pH=12～13，以铬蓝黑R做指示剂，指示剂与钙生成红色的络合物，当用EDTA滴定至计量点时，游离出指示剂，溶液呈现蓝色。

三、主要试剂

0.01 mol/L EDTA标准溶液，5 mol/L NaOH溶液，6 mol/L盐酸，三乙醇胺，

铬蓝黑 R 指示剂。

四、实验步骤

准确称取钙制剂 0.8 g 左右，溶于 2 mL 6 mol/L 盐酸中，将溶液定量移至 100 mL 容量瓶，定容，摇匀。

准确移取 20.00 mL 上述溶液于 250 mL 锥形瓶中，加入 5 mL 三乙醇胺、4 mL 5 mol/L NaOH 溶液、20 mL 蒸馏水、8～10 滴铬蓝黑 R 指示剂，用 0.01 mol/L EDTA 标准溶液滴定至溶液由红色变为纯蓝色为终点，记录 0.01 mol/L EDTA 标准溶液用量。平行滴定 3 次。

五、数据记录与处理

将数据与结果填入表 4-5 中。

表 4-5　钙制剂中钙含量的测定

项　目	编　号			
	Ⅰ	Ⅱ	Ⅲ	Ⅳ
m（钙制剂）/（mg/片）				
m（钙制剂）/g				
c（EDTA）/（mol/L）				
V（EDTA）/mL				
ω（Ca）/（mg/片）				
平均 ω（Ca）/（mg/片）				
相对偏差/%				
相对平均误差/%				

六、思考题

1. 试述铬蓝黑 R 的变色原理。
2. 拟定牛奶和钙奶等液体钙制剂测定方法。

实验 8　高锰酸钾标准溶液的配制与标定

一、实验目的

1. 了解高锰酸钾标准溶液的配制方法和保存条件。

2. 掌握采用 $Na_2C_2O_4$ 做基准物标定高锰酸钾标准溶液的方法。

二、实验原理

市售的 $KMnO_4$ 试剂常含有少量 MnO_2 和其他杂质，如硫酸盐、氯化物及硝酸盐等；另外，蒸馏水中常含有少量的有机物质，能使 $KMnO_4$ 还原，且还原产物能促进 $KMnO_4$ 自身分解，分解的化学方程式如下：

$$2MnO_4^- + 2H_2O \xlongequal{} 4MnO_2 + 3O_2\uparrow + 4OH^-。$$

高锰酸钾见光分解更快。因此，$KMnO_4$ 的浓度容易改变，不能用直接法配制准确浓度的高锰酸钾标准溶液，必须正确的配制和保存，如果长期使用必须定期进行标定。

标定 $KMnO_4$ 的基准物质较多，有 As_2O_3、$H_2C_2O_4 \cdot 2H_2O$、$Na_2C_2O_4$ 和纯铁丝等。其中以 $Na_2C_2O_4$ 最常用，$Na_2C_2O_4$ 不含结晶水，不易吸湿，易纯制，性质稳定。用 $Na_2C_2O_4$ 标定 $KMnO_4$ 反应的化学方程式：

$$2MnO_4^- + 5C_2O_4^{2-} + 16H^+ \xlongequal{} 2Mn^{2+} + 10CO_2\uparrow + 8H_2O。$$

滴定时利用 MnO_4^- 本身的紫红色指示终点，称为自身指示剂。

三、实验试剂和仪器

$KMnO_4$（AR），$Na_2C_2O_4$（AR），H_2SO_4（3 mol/L）。

酸式滴定管，分析天平，大，小烧杯各一个，酒精灯，棕色细口瓶，微孔玻璃漏斗，称量瓶，锥形瓶，量筒，台秤。

四、实验步骤

1. 高锰酸钾标准溶液的配制

在台秤上称量 1.0 g 固体 $KMnO_4$，置于大烧杯中，加水至 300 mL（由于要煮沸使水蒸发，可适当多加些水），煮沸约 1 h，静置冷却后用微孔玻璃漏斗或玻璃棉漏斗过滤，滤液装入棕色细口瓶中，贴上标签，一周后标定。保存备用。

2. 高锰酸钾标准溶液的标定

用 $Na_2C_2O_4$ 溶液标定 $KMnO_4$ 溶液。准确称取 0.13～0.16 g 基准物质 $Na_2C_2O_4$ 3 份，分别置于 250 mL 的锥形瓶中，加入约 30 mL 水和 3 $mol \cdot L^{-1}$ H_2SO_4 10 mL，盖上表面皿，在石棉铁丝网上慢慢加热到 70～80 ℃（刚开始冒蒸气的温度），趁热用高锰酸钾溶液滴定。开始滴定时反应速度慢，待溶液中产生了 Mn^{2+} 后，滴定速度可适当加快，直到溶液呈现微红色并持续 30 s 不褪色即为终点。根据 $Na_2C_2O_4$ 的质量和消耗 $KMnO_4$ 溶液的体积计算 $KMnO_4$ 浓度。用同样方法滴定其他两份 $Na_2C_2O_4$ 溶液，相对平均偏差应在 0.2%以内。

五、注意事项

1. 蒸馏水中常含有少量的还原性物质，使 $KMnO_4$ 还原为 $MnO_2 \cdot nH_2O$。市售高锰酸钾内含的细粉状的 $MnO_2 \cdot nH_2O$ 能加速 $KMnO_4$ 的分解，故通常将 $KMnO_4$ 溶液煮沸一段时间，冷却后，还需放置 2～3 天，使之充分作用，然后将沉淀物过滤除去。

2. 在室温条件下，$KMnO_4$ 与 $C_2O_4^-$ 之间的反应速度缓慢，故加热提高反应速度。但温度又不能太高，如温度超过 85 ℃则有部分 $H_2C_2O_4$ 分解：

$$H_2C_2O_4 = CO_2\uparrow + CO\uparrow + H_2O。$$

3. 草酸钠溶液的酸度在开始滴定时，约为 1 mol·L^{-1}，滴定终了时，约为 0.5 mol·L^{-1}，这样能促使反应正常进行，并且防止 MnO_2 的形成。滴定过程如果产生棕色浑浊（MnO_2），应立即加入 H_2SO_4 补救，使棕色浑浊消失。

4. 开始滴定时，反应很慢，在第一滴 $KMnO_4$ 还没有完全褪色以前，不可加入第二滴。当反应生成能使反应加速进行的 Mn^{2+} 后，可以适当加快滴定速度，但过快会导致局部 $KMnO_4$ 过浓而分解，放出 O_2 或引起杂质的氧化，都可能造成误差。

如果滴定速度过快，部分 $KMnO_4$ 将来不及与 $Na_2C_2O_4$ 反应：

$$4MnO_4^- + 4H^+ = 4MnO_2 + 3O_2\uparrow + 2H_2O。$$

5. $KMnO_4$ 标准溶液滴定时的终点较不稳定，当溶液出现微红色，在 30 s 内不褪色，滴定就可认为已经完成，如对终点有疑问时，可先将滴定管读数记下，再加入 1 滴 $KMnO_4$ 标准溶液，发生紫红色即证实终点已到，滴定时不要超过计量点。

6. $KMnO_4$ 标准溶液应放在酸式滴定管中，由于 $KMnO_4$ 溶液颜色很深，液面凹下弧线不易看出，因此，应该从液面最高边上读数。

六、实验数据与结果处理

将数据与结果填入表 4-6 中。

表 4-6　高锰酸钾标准溶液的研制和标定

项　目	编　号		
	Ⅰ	Ⅱ	Ⅲ
$Na_2C_2O_4$ 质量/g			
滴定管终读数/mL			
滴定管初读数/mL			
$KMnO_4$ 标准溶液体积/mL			
$KMnO_4$ 标准溶液浓度/（mol·L^{-1}）			
$KMnO_4$ 标准溶液平均浓度/（mol·L^{-1}）			
相对偏差/%			
相对平均偏差/%			

七、思考题

1. 配制 $KMnO_4$ 标准溶液为什么要煮沸，并放置一周后过滤？能否用滤纸过滤？

2. 滴定 $KMnO_4$ 标准溶液时，为什么第一滴 $KMnO_4$ 溶液加入后红色褪去很慢，以后褪色较快？

实验 9　过氧化氢含量的测定（高锰酸钾法）

一、实验目的

1. 掌握高锰酸钾法测定过氧化氢的原理及方法。

2. 掌握滴定终点的判断。

二、实验原理

过氧化氢具有还原性，在酸性介质中和室温条件下能被高锰酸钾定量氧化，其反应的离子方程式：

$$2MnO_4^- + 5H_2O_2 + 6H^+ = 2Mn^{2+} + 5O_2\uparrow + 8H_2O。$$

室温时，开始反应缓慢，随着 Mn^{2+} 的生成而加速。H_2O_2 加热时易分解，因此，滴定时通常加入 Mn^{2+} 做催化剂。

三、实验试剂

0.020 mol/L $KMnO_4$ 标准溶液；3 mol/L H_2SO_4 溶液；1 mol/L $MnSO_4$ 溶液；H_2O_2 试样：市售质量分数约为 30%的 H_2O_2 水溶液。

四、实验步骤

1. 0.01 mol/L $KMnO_4$ 溶液的配制与标定

配制：称取 $KMnO_4$ 固体约 0.8 g 溶于 250 mL 水中，盖上表面皿，加热至沸并保持微沸状态 30 s 后，冷却，储存于棕色试剂瓶中。

标定：准确称取 0.15～0.20 g $Na_2C_2O_4$ 基准物质 3 份，分别置于 250 mL 锥形瓶中，加入 60 mL 水使之溶解，加入 15 mL H_2SO_4，在水浴上加热到 75～85 ℃。趁热用 $KMnO_4$ 溶液滴定。开始滴定时反应速度慢，待溶液中产生了 Mn^{2+} 后，滴定速度可加快，直到溶液呈现微红色并保持 30 s 不褪色即为终点。

2. 过氧化氢含量测定

用移液管移取 H_2O_2 试样溶液 2.00 mL，置于 250 mL 容量瓶中，加水稀释至刻度，充分摇匀备用。用移液管移取稀释过的 H_2O_2 溶液 20.00 mL 于 250 mL 锥形瓶中，加入 3 mol/L H_2SO_4 5 mL，用 $KMnO_4$ 标准溶液滴定到溶液呈微红色，30 s 不褪色即为终点。平行测定两次，计算试样中 H_2O_2 的质量浓度（g/L）和相对平均偏差。

五、实验记录与数据处理

将数据与结果填入表 4-7 中。

表 4-7 过氧化氢含量的测定

（$KMnO_4$ 标准溶液浓度（mol/L)：______）

项 目	编 号		
	Ⅰ	Ⅱ	Ⅲ
混合液体积/mL			
滴定初始读数/mL			
第一终点读数/mL			
V/mL			
$\overline{V}$/mL			
$c(H_2O_2)$ / (g/L)			

六、注意事项

1. H_2O_2 试样若系工业产品，用高锰酸钾法测定则不适合，因为产品中常加有少量乙酰苯胺等有机化合物做稳定剂，滴定时也将被 $KMnO_4$ 氧化，引起误差。此时应用采用碘量法或硫酸铈法进行测定。

2. 在室温下，$KMnO_4$ 与 $Na_2C_2O_4$ 之间的反应速度缓慢，故须将溶液加热。但温度不能太高，若超过 90 ℃，易引起 $Na_2C_2O_4$ 分解。

3. $KMnO_4$ 颜色较深，液面下的弯月面下沿不易看出，读数时应以液面的上沿最高线为准。

4. 若滴定速度过快，部分 $KMnO_4$ 将来不及与 $Na_2C_2O_4$ 反应而在热的酸性溶液中分解。

5. $KMnO_4$ 滴定终点不太稳定，这是由于空气中含有还原性气体及尘埃杂质，能使 $KMnO_4$ 缓慢分解，而使微红色消失，故经过 30 s 不褪色即可认为已到达终点。

七、思考题

1. 用高锰酸钾法测定 H_2O_2 水溶液时，能否用硝酸或盐酸来控制酸度？

2. 用高锰酸钾法测定 H_2O_2 水溶液时，为什么不能通过加热来加速反应？

3. 在滴定时，$KMnO_4$ 溶液为什么要放在酸式滴定管中？

4. 标定 $KMnO_4$ 溶液时，为什么第一滴 $KMnO_4$ 加入后溶液的红色褪去很慢，而以后红色褪去越来越快？

实验 10　碘标准溶液的配制与标定

一、目的要求

1. 掌握碘标准滴定溶液的配制和保存方法。
2. 掌握碘标准滴定溶液标定方法、基本原理、反应条件、操作步骤和计算。

二、实验原理

碘可以通过升华法制得纯试剂，但因其升华及对天平有腐蚀性，故不宜用直接法配制碘标准溶液而采用间接法。

可以用基准物质 As_2O_3 来标定碘溶液。As_2O_3 难溶于水，可溶于碱溶液中，与 NaOH 反应生成 $NaAsO_2$，用 I_2 溶液进行滴定。$As_2O_3 + 6OH^- \longrightarrow 2AsO_3^{3-} + 3H_2O$，该反应为可逆反应，在中性或微碱性溶液中（pH 约为 8），反应能定量地向右进行，可加固体 $NaHCO_3$ 以中和反应生成的 H^+，保持 pH 在 8 左右。所以实际上滴定反应的离子方程式是：

$$I_2 + AsO_3^{3-} + 2HCO_3^- = 2I^- + AsO_4^{3-} + 2CO_2 + H_2O。$$

由于 As_2O_3 为剧毒物，实际工作中常用已知浓度的 $Na_2S_2O_3$ 标准溶液标定碘溶液（用 $Na_2S_2O_3$ 标准溶液“比较 I_2”），即用 I_2 溶液滴定一定体积的 $Na_2S_2O_3$ 标准溶液。反应的化学方程式：

$$2Na_2S_2O_3 + I_2 = 2NaI + Na_2S_4O_6，$$

以淀粉为指示剂，终点由无色到蓝色。

三、仪器及用具

1. 仪器：分析天平、棕色试剂瓶、烧杯、容量瓶、锥形瓶、量筒、吸管、滴定管等。

2. 试剂：碘、碘化钾、蒸馏水、0.1 mol/L 盐酸、0.1 mol/L $Na_2S_2O_3$ 溶液、0.5%淀粉指示剂。

四、实验步骤

1. 配制碘标准溶液 $c(I_2) = 0.1$ mol/L。称取 13 g 碘及 35 g 碘化钾，溶于少量水中，然后移入 1 L 棕色试剂瓶中，加水稀释至 1 L，摇匀。

2. 标定：准确量取 20～25 mL 碘液，加入 50 mL 水、30 mL 0.1 mol/L 盐酸，摇匀，用 0.1 mol/L 的 $Na_2S_2O_3$ 标准溶液滴定，近终点（微黄色）时加入 30 mL 0.5%淀粉指示剂，继续滴定至溶液中的蓝色消失即为终点。

3. 计算：

$$c=\frac{c_1 \times V_1}{V},$$

式中：V_1—滴定消耗 $Na_2S_2O_3$ 标准溶液的体积，单位为 mL；

c_1—$Na_2S_2O_3$ 标准溶液的浓度，单位为 mol/L；

V—吸取碘液的体积，单位为 mL。

五、注意事项

1. 碘易挥发，浓度变化较快，保存时应特别注意要密封，并用棕色瓶保存放置于暗处。

2. 避免碘液与橡皮接触。

3. 配制时碘先和碘化钾溶解，溶解完全后再稀释。

4. 滴定过程中，振动要轻，以避免碘挥发，但临近终点时要摇动得激烈一点。

5. 在良好保存条件下，0.1 mol/L 碘液有效期一个月。

6. 必要时也可用基准 As_2O_3 做基准物标定碘液。

实验 11　硫代硫酸钠标准溶液的配制与标定

一、实验目的

1. 掌握 $Na_2S_2O_3$ 溶液的配制方法和保存条件

2. 了解标定 $Na_2S_2O_3$ 溶液浓度的原理和方法

二、实验原理

结晶 $Na_2S_2O_3 \cdot 5H_2O$ 一般都含有少量的杂质，如 S、Na_2SO_3、Na_2SO_4、Na_2CO_3 及 NaCl 等。同时还容易风化和潮解。因此，不能用直接法配制标准溶液。

Na_2SO_3 溶液易受空气和微生物等的作用而分解，其分解原因是：

1. 与溶解于溶液中的 CO_2 的作用。硫代硫酸钠在中性或碱性溶液中较稳定，当 $pH<4.6$ 时极不稳定，溶液中含有 CO_2 时会促进 $Na_2S_2O_3$ 分解：

$$Na_2S_2O_3+H_2O+CO_2 \longrightarrow NaHCO_3+NaHSO_3。$$

此分解作用一般都在制成溶液后的最初 10 天内进行，分解后一分子的 $Na_2S_2O_3$ 变成了一分子的 $NaHSO_3$。一分子 $Na_2S_2O_3$ 只能和一个碘原子作用，而一分子的 $NaHSO_3$ 却能和两个碘原子作用。因而使溶液浓度（对碘的作用）有所增加，随后由于空气的氧化作用浓度又缓慢地减小。

在 pH 为 9～10 时 $Na_2S_2O_3$ 溶液最为稳定，在 $Na_2S_2O_3$ 溶液中加入少量 Na_2CO_3（使其在溶液中的浓度为 0.02%）可防止 $Na_2S_2O_3$ 的分解。

2. 空气氧化作用：

$$2Na_2S_2O_3+O_2 = 2Na_2SO_4+2S\downarrow$$。

3. 微生物作用。这是使 $Na_2S_2O_3$ 分解的主要原因：

$$Na_2S_2O_3 \longrightarrow Na_2SO_3+S$$。

为避免微生物的分解作用，可加入少量 HgI_2（10 mg/L）。

为减少溶解在水中的 CO_2 和避免混入水中的微生物，应用新煮沸冷却后的蒸馏水配置溶液。日光能促进 $Na_2S_2O_3$ 溶液的分解，所以 $Na_2S_2O_3$ 溶液应贮存于棕色试剂瓶中，放置于暗处。经过 8～14 天后再进行标定，长期使用的溶液应定期标定。

标定 $Na_2S_2O_3$ 溶液的基准物有 $K_2Cr_2O_7$、KIO_3、$KBrO_3$ 和纯铜等，通常使用 $K_2Cr_2O_7$ 基准物标定溶液的浓度，$K_2Cr_2O_7$ 先与 KI 反应析出 I_2：

$$Cr_2O_7^{2-}+6I^-+14H^+ = 2Cr^{2+}+3I_2\downarrow+7H_2O,$$

析出的 I_2 再用 $Na_2S_2O_3$ 标准溶液滴定：

$$I_2+2S_2O_3^{2-} = S_4O_6^{2-}+2I^-$$。

这个标定方法是间接碘量法的应用实例。

三、试剂

$Na_2S_2O_3\cdot 5H_2O$（固）、Na_2CO_3（固）、KI（固）、$K_2Cr_2O_7$（固 AR）、2 mol/L 盐酸。

5%淀粉溶液：取 0.5 g 淀粉，加入少量水调成糊状，倒入 100 mL 煮沸的蒸馏水中，煮沸 5 min 冷却。

四、操作步骤

1. 0.1 mol/L $Na_2S_2O_3$溶液的配制

（1）先计算出配制约 0.1 mol/L $Na_2S_2O_3$ 溶液 400 mL 所需要 $Na_2S_2O_3\cdot 5H_2O$ 的质量。

（2）在台秤上称取所需的 $Na_2S_2O_3\cdot 5H_2O$ 量，放入 500 mL 棕色试剂瓶中，加入 100 mL 新煮沸经冷却的蒸馏水，摇动使之溶解，等溶解完全后加入 0.2 g Na_2CO_3，用新煮沸经冷却的蒸馏水稀释至 400 mL，摇匀，在暗处放置 7 天后，标定其浓度。

2. $K_2Cr_2O_7$ 标准溶液的配制

准确称取经二次重结晶并在 150 ℃烘干 1 h 的 $K_2Cr_2O_7$ 1.2～1.3 g 左右于 150 mL 小烧杯中，加蒸馏水 30 mL 使之溶解（可稍加热加速溶解），冷却后，小心转入 250 mL 容量瓶中，用蒸馏水淋洗小烧杯 3 次，每次洗液小心转入 250 mL 容量瓶中，然后用蒸馏水稀释至刻度，摇匀，计算出 $K_2Cr_2O_7$ 标准溶液的准确浓度。

3. $Na_2S_2O_3$ 溶液的标定

用 25 mL 移液管准确吸取 $K_2Cr_2O_7$ 标准溶液两份，分别放入 250 mL 锥形瓶中，加固体 KI 1 g 和 2 mol/L 盐酸 15 mL，充分摇匀后用表皿盖好，放在暗处 5 min，然后用 50 mL 蒸馏水稀释，用 0.1 mol/L $Na_2S_2O_3$ 溶液滴定到溶液呈浅黄绿色，然后加入 0.5%淀粉溶液 5 mL，继续滴定到蓝色消失而变为 Cr^{3+} 的绿色即为终点。根据所取的 $K_2Cr_2O_7$ 的体积、浓度及滴定中消耗 $Na_2S_2O_3$ 溶液的体积，计算 $Na_2S_2O_3$ 溶液的准确浓度。

五、思考题

1. 用 $K_2Cr_2O_7$ 做基准物标定 $Na_2S_2O_3$ 溶液浓度时，为什么要加入过量的 KI 和加入盐酸溶液？为什么要放置一定时间后才加水稀释？如果（1）加 KI 不加盐酸溶液；（2）加酸后不放置暗处；（3）不放置或少放置一定时间即加水稀释。会产生什么影响？

2. 标定 $Na_2S_2O_3$ 溶液浓度时所用的 $K_2Cr_2O_7$ 中含有少量的 SiO_2，将使标定出的 $Na_2S_2O_3$ 浓度较实际浓度偏高，偏低，还是无影响？

实验 12　葡萄糖含量的测定（碘量法）

一、实验目的

1. 学会间接碘量法测定葡萄糖含量的方法原理，进一步掌握返滴定法技能。
2. 进一步熟悉酸滴定管的操作，掌握有色溶液滴定时体积的正确读法。

二、实验原理

I_2 与 NaOH 作用可生成次碘酸钠（NaIO），次碘酸钠可将葡萄糖（$C_6H_{12}O_6$）分子中的醛基定量地氧化为羧基。未与葡萄糖作用的次碘酸钠在碱性溶液中歧化生成 NaI 和 $NaIO_3$，当酸化时 $NaIO_3$ 又恢复成 I_2 析出，用 $Na_2S_2O_3$ 标准溶液滴定析出的 I_2，从而可计算出葡萄糖的含量。涉及的反应如下：

1. I_2 与 NaOH 作用生成 NaIO 和 NaI：$I_2 + 2OH^- = IO^- + I^- + H_2O$。

2. $C_6H_{12}O_6$ 和 NaIO 定量作用：$C_6H_{12}O_6 + IO^- = C_6H_{12}O_7 + I^-$。

总反应化学方程式：$I_2 + C_6H_{12}O_6 + 2OH^- = C_6H_{12}O_7 + 2I^- + H_2O$。

3. 未与葡萄糖作用的 NaIO 在碱性溶液中歧化成 NaI 和 $NaIO_3$：$3IO^- = IO_3^- + 2I^-$。

4. 在酸性条件下，$NaIO_3$ 又恢复成 I_2 析出：$IO_3^- + 5I^- + 6H^+ = 3I_2 + 3H_2O$。

5. 用 $Na_2S_2O_3$ 滴定析出的 I_2：$I_2 + 2S_2O_3^{2-} = S_4O_6^{2-} + 2I^-$。

因为 1 mol 葡萄糖与 1 mol I_2 作用，而 1 mol IO^- 可产生 1 mol I_2 从而可以测定出葡萄糖的含量。

三、仪器与试剂

分析天平、台秤、烧杯、酸式滴定管、碱式滴定管、容量瓶（250 mL）、移液管（25 mL）、锥形瓶（250 mL）、碘量瓶（250 mL）。

I_2(s)（AR）、KI(s)（AR）、$Na_2S_2O_3$(s)（AR）、Na_2CO_3(s)（AR）、$K_2Cr_2O_7$(s)（AR），于 140 ℃电烘箱中干燥 2 h，贮于干燥器中备用；KI 溶液（20%）、盐酸（6 mol·L^{-1}）、淀粉溶液（0.5%）、NaOH 溶液（2 mol/L）、葡萄糖试样（0.05%）。

四、实验步骤

葡萄糖含量的测定。移取 25.00 mL 葡萄糖试液于碘量瓶中，从酸式滴定管中加入 25.00 mL I_2 标准溶液。一边摇动，一边缓慢加入 2 mol/L NaOH 溶液，直至溶液呈浅黄色。将碘量瓶加塞放置 10～15 min 后，加入 2 mL 6 mol/L 盐酸使成酸性，立即用 $Na_2S_2O_3$ 溶液滴定至溶液呈淡黄色时，加入 2 mL 淀粉指示剂，继续滴定至蓝色消失即为终点。平行测定 3 次，计算试样中葡萄糖的含量（以 g/L 表示），要求相对平均偏差小于 0.3%。

五、注意事项

1. 一定要待 I_2 完全溶解后再转移。做完实验后，剩余的 I_2 溶液应倒入回收瓶中。

2. 碘易受有机物的影响，不可使用软木塞、橡皮塞，并应贮存于棕色瓶内避光保存。配制和装液时应戴上手套。I_2 溶液不能装在碱式滴定管中。

3. 本方法可视作葡萄糖注射液中葡萄糖含量的测定。测定时可视注射液的浓度将其适当稀释。

4. 无碘量瓶时可用锥形瓶盖上表面皿代替。

5. 加入 NaOH 溶液的速度不能过快，否则过量 NaIO 来不及氧化 $C_6H_{12}O_6$ 就歧化成能与 $C_6H_{12}O_6$ 反应的 $NaIO_3$ 和 NaI，使测定结果偏低。

六、思考题

1. 配制 I_2 溶液时加入过量 KI 的作用是什么？将称得的 I_2 和 KI 一起加水到一定体积是否可以？

2. I_2 溶液应装入哪种滴定管中？为什么？装入滴定管后弯月面看不清，应如何读数？

3. 加入 NaOH 溶液速度过快，会产生什么后果？

4. I_2 溶液浓度的标定和葡萄糖含量的测定中均用到淀粉指示剂，各步骤中淀粉指示剂加入的时机有什么不同？

5. 为什么在氧化葡萄糖时滴加 NaOH 的速度要慢，且加完后要放置一段时间？而在酸化后则要立即用 $Na_2S_2O_3$ 标准溶液滴定？

实验 13　维生素 C 含量的测定（直接碘量法）

一、实验目的

1. 掌握碘标准溶液的配制和标定方法。
2. 了解直接碘量法测定维生素 C 的原理和方法。

二、实验原理

维生素 C（Vc）又称抗坏血酸，分子式 $C_6H_8O_6$，分子量 176.1232 g/mol。Vc 具有还原性，可被 I_2 定量氧化，因而可用 I_2 标准溶液直接滴定。其滴定反应的化学方程式为 $C_6H_8O_6+I_2 = C_6H_6O_6+2HI$。

由于 Vc 的还原性很强，较易被溶液和空气中的氧氧化，在碱性介质中这种氧化作用更强，因此滴定宜在酸性介质中进行，以减少副反应的发生。考虑到 I^- 在强酸性溶液中也易被氧化，故一般选在 pH＝3～4 的弱酸性溶液中进行滴定。

三、主要试剂

I_2 溶液（约 0.05 mol/L）：称取 3.3 g I_2 和 5 g KI，置于研钵中，加少量水，在通风橱中研磨。待 I_2 全部溶解后，将溶液转入棕色试剂瓶中，加水稀释至 250 mL，充分摇匀，放阴暗处保存。

$Na_2S_2O_3$ 标准溶液（0.1000 mol/L）、HAc 溶液（2 mol/L）、淀粉溶液、维生素 C 片剂、KI 溶液。

四、实验步骤

1. I_2 溶液的标定

用移液管移取 20.00 mL $Na_2S_2O_3$ 标准溶液于 250 mL 锥形瓶中，加入 40 mL 蒸馏水，4 mL 淀粉溶液，然后用 I_2 溶液滴定至溶液呈浅蓝色，30 s 内不褪色即为终点。平行标定 3 份，计算 $c(I_2)$ /（mol/L）。

2. 维生素 C 片剂中 Vc 含量的测定

准确称取 2 片维生素 C 药片，置于 250 mL 锥形瓶中，加入 100 mL 新煮沸过并冷却的蒸馏水，10 mL HAc 溶液和 5 mL 淀粉溶液，立即用 I_2 标准溶液滴定至出现稳定的浅蓝色，且在 30 s 内不褪色即为终点，记下消耗的 $V(I_2)$ /mL。平行滴定 3

份，计算试样中的 Vc 的质量分数。

五、数据记录与处理

将数据与结果分别填入表 4-8 和表 4-9。

表 4-8　碘溶液的标定

项　目	编　号		
	Ⅰ	Ⅱ	Ⅲ
c（$Na_2S_2O_3$）/（mol/L）			
V（$Na_2S_2O_3$）/（mL）			
V（I_2）/mL			
c（I_2）/（mol/L）			
$\bar{c}$（I_2）/（mol/L）			
绝对偏差/%			
平均相对偏差/%			

表 4-9　维生素 C 片剂中 Vc 含量的测定

项　目	编　号		
	Ⅰ	Ⅱ	Ⅲ
c（I_2）/（mol/L）			
m（药片）/g			
V（I_2）/mL			
c（Vc）/%			
$\bar{c}$（Vc）/%			
绝对偏差/%			
平均相对偏差/%			

六、注意事项

1. I_2-KI 溶液呈深棕色，在滴定管中较难分辨凹液面，但液面最高点较清楚，所以常读取液面最高点，读数时应调节眼睛的位置，使之与液面最高点前后在同一水平位置上。

2. 使用碘量法时，应该用碘量瓶，防止 I_2、$Na_2S_2O_3$、Vc 被氧化，影响实验结果的准确性。

3. 由于实验中不能避免地摇动锥形瓶，因此空气中的氧会将 Vc 氧化，使结果偏低。

七、思考题

1. 溶解 I_2 时，加入过量 KI 的作用是什么？
2. 维生素 C 固体试样溶解时为何要加入新煮沸并冷却的蒸馏水？
3. 碘量法的误差来源有哪些？应采取哪些措施减少误差？

实验 14　土壤中腐殖质含量的测定（重铬酸钾法）

一、目的要求

1. 学习重铬酸钾法的基本原理和方法。
2. 用重铬酸钾法测定土壤中腐殖质的含量。

二、实验原理

用 0.1 mol/L 焦磷酸钠和 0.1 mol/L 氢氧化钠混合液处理土壤，能将土壤中难溶于水和易溶于水的结合态腐殖质络合成易溶于水的腐殖质钠盐，从而比较完全地将腐殖质提取出来。焦磷酸钠还起脱钙作用，反应原理：

$$2R\left\{\begin{array}{l}\left.\begin{array}{l}COO\\COO\end{array}\right>Ca\\\left.\begin{array}{l}COO\\COO\end{array}\right>Ca\end{array}\right. + 2Na_4P_2O_7 \longrightarrow 2R\left\{\begin{array}{l}COONa\\COONa\\COONa\\COONa\end{array}\right. + Ca_2P_2O_7 + Mg_2P_2O_7,$$

提取的腐殖质用重铬酸钾容量法测定。

三、药品配制

1. 0.1 mol/L 焦磷酸钠和 0.1 mol/L 氢氧化钠混合液：称取分析纯焦磷酸钠 44.6 g 和氢氧化钠 4 g，加水溶解，稀释至 1 L，溶液 pH=13，使用时新配。
2. 3 mol/L H_2SO_4：在 300 mL 水中，加入浓硫酸 167.5 mL，再稀释至 1 L。
3. 0.01 mol/L H_2SO_4：量取 3 mol/L H_2SO_4 5 mL，再稀释至 1.5 L。
4. 0.02 mol/L NaOH：称取 0.8 g NaOH，加水溶解并稀释至 1 L。

四、实验步骤

1. 称取 0.25 mm 相当于 2.50 g 烘干重的风干土样，置于 250 mL 三角瓶中，用移液管准确加入 0.1 mol/L 焦磷酸钠和 0.1 mol/L 氢氧化钠混合液 50.00 mL，振荡 5 min，塞上橡皮套，然后静置 13～14 h（控制温度在 20 ℃左右），旋即摇匀进行干过滤，收集滤液（一定要清亮）。

2. 胡敏酸和富里酸总碳量的测定

吸取滤液5.00 mL，移入150 mL三角瓶中，加入3 mol/L H_2SO_4 约5滴（调节pH为7）至溶液出现浑浊为止，置于水浴锅上蒸干。加入0.8000 mol/L（1/6 $K_2Cr_2O_7$）标准溶液5.00 mL，用注射筒迅速注入浓硫酸5 mL，盖上小漏斗，在沸水浴上加热15 min，冷却后加蒸馏水50 mL稀释，加邻啡罗林指示剂3滴，用0.1 mol/L硫酸亚铁滴定，同时做空白试验。

3. 胡敏酸（碳）量测定

吸取上述滤液20.00 mL于小烧杯中，置于沸水浴上加热，在玻棒搅拌下滴加3 mol/L H_2SO_4（约30滴），酸化至有絮状沉淀析出为止，继续加热10 min使胡敏酸完全沉淀。过滤，以0.01 mol/L H_2SO_4 洗涤滤纸和沉淀，洗至滤液无色为止（即富里酸完全洗去）。以热的0.02 mol/L NaOH溶解沉淀，溶解液收集于150 mL三角瓶中（切忌溶解液损失），如前法酸化，蒸干，测碳。（此时的土样重量 W 相当于1 g）。

五、结果计算

1. 腐殖质总碳量计算。

$$\text{腐殖质（胡敏酸和富里酸）总碳量}=\frac{0.8000/V_0\times(V_0-V_1)\times 0.003}{W}\times 100\%,$$

式中：V_0——5.00 mL标准重铬酸钾溶液空白试验滴定的硫酸亚铁体积单位为mL；

V_1——待测液滴定用去的硫酸亚铁体积单位为mL；

W——吸取滤液相当的土样重，单位为g；

0.8000——1/6 $K_2Cr_2O_7$ 标准溶液的浓度；

0.003——碳毫摩尔质量0.012被反应中电子得失数4除，得0.003。

2. 胡敏酸碳（%）：按上式计算。

3. 富里酸碳（%）＝腐殖质总碳（%）－胡敏酸碳（%）。

六、注意事项

1. 在中和调节溶液pH时，只能用稀酸，并不断用玻棒搅拌溶液，然后用玻棒蘸少许溶液放在pH试纸上，看其颜色，从而达到严格控制pH的目的。

2. 蒸干前必须将pH调至7，否则会引起碳损失。

七、思考题

1. 土样消煮时为什么必须严格控制温度和时间？

2. 有机质由有机碳换算，为什么腐殖质用碳表示，而不换算？

实验 15　硝酸银标准溶液的配制和标定

一、实验目的

1. 掌握硝酸银标准溶液的配制、标定和保存方法。
2. 掌握以氯化钠为基准物标定硝酸银的基本原理、反应条件、操作方法和计算。
3. 学会以 K_2CrO_4 为指示剂判断滴定终点的方法。

二、实验原理

以 K_2CrO_4 为指示剂，以 $AgNO_3$ 作为滴定溶液，滴定一定量的 NaCl。由于 AgCl 的溶解度小于 Ag_2CrO_4 的溶解度，因此滴定过程中，氯化银沉淀先析出，当滴定到化学计量点时，微过量的 Ag^+ 与 CrO_4^{2-} 反应析出砖红色 Ag_2CrO_4 沉淀，指示滴定达到终点。

三、试剂

1. 固体试剂 $AgNO_3$（AR）。
2. 固体试剂 NaCl（基准物质，在 500～600 ℃灼烧至恒重）；
3. K_2CrO_4 指示液（50 g/L，即 5%）。配制：称取 K_2CrO_4 溶于少量水中，滴加 $AgNO_3$ 溶液至红色 30 s 不褪，混匀。放置过夜后过滤，将滤液稀释至 100 mL。

四、实验步骤

1. 配制 0.1 mol/L $AgNO_3$ 溶液

称取 $AgNO_3$ 溶于 500 mL 不含 Cl^- 的蒸馏水中，贮存于带玻璃塞的棕色试剂瓶中，摇匀，置于暗处，待标定。

2. 标定 $AgNO_3$ 溶液

准确称取基准试剂 NaCl 0.12～0.15 g，放于锥形瓶中，加入 50 mL 不含 Cl^- 的蒸馏水溶解，加入 K_2CrO_4 指示液 1 mL，在充分摇动下，用配制好的 $AgNO_3$ 溶液滴定至溶液呈微红色即为终点。记录消耗 $AgNO_3$ 标准滴定溶液的体积。平行测定 3 次。

五、注意事项

1. $AgNO_3$ 试剂及其溶液具有腐蚀性，破坏皮肤组织，注意切勿接触皮肤及衣服。
2. 配制 $AgNO_3$ 标准溶液的蒸馏水应无 Cl^-，否则配成的 $AgNO_3$ 溶液会出现白色浑浊，不能使用。

3. 实验完毕后，盛装 $AgNO_3$ 溶液的滴定管应先用蒸馏水洗涤 2～3 次后，再用自来水洗净，以免 AgCl 沉淀残留于滴定管内壁。

六、结果计算

$AgNO_3$ 标准滴定溶液浓度按下式计算：

$$c(AgNO_3)=\frac{m}{(V_1-V_2)\times 58.44\times 10^{-3}},$$

式中：m——称取基准物 NaCl 的质量，单位为 g；

V_1——消耗的硝酸银标准滴定溶液的体积，单位为 mL；

V_2——空白试验消耗的硝酸银标准滴定溶液的体积，单位为 mL；

58.44——NaCl 的摩尔质量，单位为 g/mol。

分析结果保留 4 位有效数字。

七、思考题

1. 莫尔法标定 $AgNO_3$ 溶液，用 $AgNO_3$ 滴定 NaCl 时，滴定过程中为什么要充分摇动溶液？如果不充分摇动溶液，对测定结果有什么影响？

2. 莫尔法中，为什么溶液的 pH 须控制在 6.5～10.5？

3. 配制 K_2CrO_4 指示液时，为什么要先加入 $AgNO_3$ 溶液？为什么放置后要进行过滤？K_2CrO_4 指示液的用量太大或太小对测定结果有什么影响？

实验 16　硫氰酸钠标准溶液的配制及标定

一、实验目的

1. 掌握硫氰酸钠（NaSCN）标准溶液制备的原理和方法。

2. 熟悉以铁铵矾［$NH_4Fe(SO_4)_2\cdot 12H_2O$］为指示剂确定滴定终点的方法。

二、实验原理

佛尔哈德法是在酸性介质中，以 $NH_4Fe(SO_4)_2\cdot 12H_2O$ 做指示剂来确定滴定终点的一种银量法。根据滴定方式的不同，佛尔哈德法分为直接滴定法和返滴定法两种，此次采用的是直接滴定法。

在含有 Ag^+ 的酸性溶液中，以 $NH_4Fe(SO_4)_2\cdot 12H_2O$ 做指示剂，用配制好的 NaSCN 溶液滴定 $AgNO_3$ 标准溶液，溶液中首先析出 AgSCN 白色沉淀，当 Ag^+ 定量沉淀后，稍过量的 SCN^- 与 Fe^{3+} 生成［$Fe(SCN)$］$^{2+}$ 红色配离子，指示终点的到达。反应的化学方程式：

化学计量点前：$Ag^+ + SCN$ ══ $AgSCN\downarrow$（白色），

化学计量点及化学计量点后：$Fe^{3+} + SCN^-$ ══ $[Fe(SCN)]^{2+}$（红色）。

三、试剂及仪器

试剂：NaSCN 溶液、400 g/L $NH_4Fe(SO_4)_2 \cdot 12H_2O$ 指示液、1.0 mol/L HNO_3 溶液、0.1 mol/L $AgNO_3$ 标准滴定溶液。

仪器：250 mL 锥形瓶、50 mL 酸式滴定管、25 mL 移液管。

四、实验步骤

1. 0.1 mol/L NaSCN 溶液的配制

称取 4.0～4.1 g NaSCN，溶解于 500 mL 水中，摇匀，储存于试剂瓶中备用。

2. 0.1 mol/L NaSCN 溶液的标定

用 25 mL 移液管吸取 0.1 mol/L $AgNO_3$ 标准滴定溶液 25.00 mL 于锥形瓶中，加入 25 mL 水、1 mL $NH_4Fe(SO_4)_2 \cdot 12H_2O$ 指示液、10 mL HNO_3 溶液。在不断摇动下，用配好的 NaSCN 溶液滴定，溶液完全清亮后，继续滴定至溶液呈微红色并保持 30 s 不褪色即为终点，消耗的体积为 V_1，平行标定 3 次。同时做空白对照。

五、数据处理

将数据与结果填入表 4-10 中。

表 4-10　硫氰酸钠标准溶液的配制及标定

项　目	编　号			
	Ⅰ	Ⅱ	Ⅲ	空白
$AgNO_3$ 标准溶液的浓度/(mol/L)				
称取 NaSCN 的质量/g				
移取 $AgNO_3$ 溶液的体积 V/mL				
滴定消耗 NaSCN 的体积 V/mL				
NaSCN 浓度 c/(mol/L)				
$\bar{c}$/(mol/L)				
极差/(mol/L)				

计算公式：

$$c(NaSCN) = \frac{c(AgNO_3) \times V(AgNO_3)}{V_1 - V_2},$$

式中：$c(AgNO_3)$——$AgNO_3$ 标准滴定溶液的浓度，单位为 mol/L；

$V(AgNO_3)$——$AgNO_3$ 标准滴定溶液的体积，单位为 mL；

V_1——NaSCN 标准滴定溶液的体积，单位为 mL；

V_2——空白对照消耗 NaSCN 标准滴定溶液的体积，单位为 mL。

六、注意事项

1. 佛尔哈德法通常在 0.1～1.0 mol/L 的介质中进行，若酸度过低，Fe^{3+} 将水解成 $[Fe(OH)_2]^+$ 等深色配合物，影响终点的观察。

2. AgSCN 强烈吸附 Ag^+，故滴定时必须强烈振荡，以避免指示剂过早显色，使终点提前。

3. 实验完毕，锥形瓶要先用蒸馏水洗涤，再用自来水洗净，以免 AgCl 沉淀残留于管壁上。

七、思考题

1. 配制铁铵矾指示剂时为什么要加酸？标定硫氰酸钠溶液时为什么还要加酸？

2. 佛尔哈德法标定硫氰酸钠溶液，采用的是直接滴定法还是返滴定法？

3. 佛尔哈德法能测定哪些离子？莫尔法能测定哪些离子？为什么前者比后者测定范围广？

实验 17　盐水中氯化钠含量的测定（银量法）

一、实验目的

1. 学习银量法测定氯的原理和方法。

2. 掌握莫尔法的实际应用。

二、实验原理

银量法是指以生成难溶银盐（如 AgCl、AgBr、AgI 和 AgSCN）的反应为基础的沉淀滴定法成为银量法。银量法需要借助指示剂来确定滴定终点。根据指示剂的不同，银量法又分为莫尔法、佛尔哈德法和法扬司法。

本实验是在中性溶液中以 K_2CrO_4 为指示剂（莫尔法），用 $AgNO_3$ 标准溶液来测定 Cl^- 的含量：

$$Ag^+ + Cl^- \longrightarrow AgCl\downarrow \text{（白色），}$$

$$2Ag^+ + CrO_4^{2-} \longrightarrow Ag_2CrO_4\downarrow \text{（砖红色）。}$$

由于 AgCl 的溶解度小于 Ag_2CrO_4，AgCl 沉淀将首先从溶液中析出。根据分步沉淀原理进行的计算表明，Ag_2CrO_4 开始沉淀时 AgCl 已定量沉淀，$AgNO_3$ 稍一过量，即与 CrO_4^{2-} 离子生成砖红色沉淀，指示终点到达。

实验过程中，应注意以下两点：

1. 应控制好指示剂的用量。因为 K_2CrO_4 用量太大时会导致终点提前到达导致负误差，而用量太小时会使终点拖后导致正误差。

2. 应控制好溶液的酸度。因为 CrO_4^{2-} 离子在水溶液中存在下述平衡：

$$CrO_4^{2-} + H_3O^+ \rightleftharpoons HCrO_4^- + H_2O,$$

酸性太强，平衡右移，导致 CrO_4^{2-} 离子浓度下降和终点拖后。但在碱性太强的溶液中，Ag^- 离子又会生成 Ag_2O 沉淀 。所以莫尔法要求溶液的 pH 在 6.5～10.5。

本法也可用于测定有机物中氯的含量。

三、仪器与试剂

仪器：烧杯、电子分析天平、容量瓶（100 mL）、坩埚、煤气灯、锥形瓶（250 mL）、酸式滴定管（50 mL）、移液管（25 mL）。

试剂：$AgNO_3$（s，AR）、NaCl（s，AR）、K_2CrO_4（5%）溶液、生理盐水样品。

四、实验步骤

1. 0.1 mol/L $AgNO_3$ 标准溶液的配制

$AgNO_3$ 标准溶液可直接用分析纯的 $AgNO_3$ 结晶配制，但由于 $AgNO_3$ 不稳定，见光易分解，故若要精确测定，则需用 NaCl 基准物来标定。

（1）直接配制

在一小烧杯中精确称量 1.7 g 左右的 $AgNO_3$，加适量水溶解后，定量转移到 100 mL 容量瓶中，用水稀释至刻度，摇匀，计算其准确浓度。

（2）间接配制

将 NaCl 置于坩埚中，用煤气灯加热至 500～600 ℃，干燥后，冷却，放置在干燥器中冷却备用。

用台秤称量 1.7 g 的 $AgNO_3$，定量转移到 100 mL 容量瓶中，用水稀释至刻度，摇匀。

标定：准确称取 0.15～0.2 g 的 NaCl 3 份，分别置于 3 个锥形瓶中，各加 25 mL 水使其溶解。加入 1 mL K_2CrO_4 溶液。在充分摇动下，用 $AgNO_3$ 溶液滴定至溶液刚出现稳定的砖红色，记录 $AgNO_3$ 溶液的用量，计算 $AgNO_3$ 溶液的浓度。

2. 测定生理盐水中 NaCl 的含量

将生理盐水稀释 1 倍后，用移液管精确移取已稀释的生理盐水 25.00 mL 置于锥形瓶中，加入 1 mL 的 K_2CrO_4 指示剂，用标准 $AgNO_3$ 溶液滴定至溶液刚出现稳定的砖红色（边摇边滴）。平行滴定 3 次，计算 NaCl 的含量。

五、实验记录与处理

将实验数据和结果记录在表 4-11 和表 4-12 中。

表 4-11　$AgNO_3$ 标准溶液的配制及浓度测定

项　目	编　号		
	Ⅰ	Ⅱ	Ⅲ
NaCl 的质量/g			
$AgNO_3$ 终读数/mL			
$AgNO_3$ 初读数/mL			
$AgNO_3$ 消耗的体积/mL			
$AgNO_3$ 的浓度/(mol/L)			
$AgNO_3$ 的平均浓度/(mol/L)			
相对偏差/%			

表 4-12　生理盐水中 NaCl 的含量测定

项　目	编　号		
	Ⅰ	Ⅱ	Ⅲ
生理盐水的体积（稀释后）/mL			
$AgNO_3$ 终读数/mL			
$AgNO_3$ 初读数/mL			
$AgNO_3$ 消耗的体积/mL			
NaCl 的含量/(g/L)			
NaCl 的平均浓度/(g/L)			
相对偏差/%			

六、思考题

1. K_2CrO_4 指示剂浓度的大小对 Cl^- 测定有什么影响?

2. 滴定液的酸度应控制在什么范围为宜，为什么？当有 NH_4^+ 存在时，对溶液的酸度范围的要求有什么不同?

3. 莫尔法测定酸性氯化物溶液中的氯，事先应采取什么措施?

实验 18　溴化钾含量的测定（银量法）

一、目的要求

1. 学习银量法测定溴的原理和方法。

2. 掌握莫尔法的实际应用。

3. 学会莫尔法滴定终点的判断。

二、实验原理

银量法根据指示剂的不同可分为莫尔法、佛尔哈德法和法扬司法。

可溶性溴化钾含量的测定，通常采用莫尔法。将试样溶解后，以 K_2CrO_4 为指示剂，用 $AgNO_3$ 标准溶液滴定，滴定反应：

$$Ag^{+} + Br^{-} \longrightarrow AgBr\downarrow \text{（浅黄色）},$$

$$2Ag^{+} + CrO_4^{2-} \longrightarrow Ag_2CrO_4\downarrow \text{（砖红色）}。$$

此方法是在中性或弱碱性（pH 为 6.5～10.5）条件下进行的。由于 AgBr 的溶解度小于 Ag_2CrO_4 的溶解度，所以在滴定过程中先生成 AgBr 沉淀，当 AgBr 定量沉淀后，稍过量的 $AgNO_3$ 溶液便与 CrO_4^{2-} 生成砖红色的 Ag_2CrO_4 沉淀，从而指示滴定的终点。

三、仪器及试剂

仪器：分析天平、50 mL 酸式滴定管、250 mL 锥形瓶、25 mL 移液管、250 mL 烧杯。

试剂：0.1 mol・L^{-1} $AgNO_3$ 标准溶液、NaCl（s）（CP）、溴化钾试样，5% K_2CrO_4 溶液（称取 5 g K_2CrO_4 溶于 100 mL 水中）。

四、实验内容

1. 0.1 mol・L^{-1} $AgNO_3$ 溶液的配制。称取 $AgNO_3$ 8.5 g，溶于 500 mL 水中，摇匀后贮存于带玻璃塞的棕色试剂瓶中。

2. 0.1 mol・L^{-1} $AgNO_3$ 溶液的标定。准确称取 0.15 ～ 0.20 g 烘干过的 NaCl 基准试剂 3 份，分别置于 250 mL 锥形瓶中，加水 25 mL，加入 5 % K_2CrO_4 溶液 1 mL，在充分摇动下，用 $AgNO_3$ 溶液滴定至溶液刚出现砖红色即为终点。记录 $AgNO_3$ 溶液的用量。计算 $AgNO_3$ 溶液的浓度：

$$c(AgNO_3) = \frac{m(NaCl) \times 1000}{M(NaCl) \times V(AgNO_3)}。$$

3. 溴化钾含量的测定。准确称取 2.6 g KBr 样品置于小烧杯中，加水溶解后，定量地转移到 250 mL 容量瓶中，用水稀释至刻度，摇匀。用 25 mL 移液管移取 3 份 KBr 试液，分别置于锥形瓶中，加入 5% K_2CrO_4 指示剂 1 mL，在充分摇动下，用 $AgNO_3$ 标准溶液滴定到溶液呈砖红色，即为终点。根据下列公式计算样品中 KBr 的质量分数：

$$\text{KBr 的质量分数} = \frac{c(AgNO_3) \times V(AgNO_3) \times \dfrac{M(KBr)}{1000}}{m(KBr) \times \dfrac{25}{250}} \times 100\%。$$

五、数据记录与处理

将用 $AgNO_3$ 标准溶液测定 KBr 含量的数据列入表 4-13 中。

表 4-13　KBr 含量的测定

项　目	编　号		
	Ⅰ	Ⅱ	Ⅲ
称取 KBr 的质量/g			
$AgNO_3$ 终点读数/mL			
$AgNO_3$ 初始读数/mL			
滴定消耗 V（$AgNO_3$）/mL			
KBr 的含量/%			
KBr 含量的平均值/%			
相对平均偏差/%			

六、注意事项

1. $AgNO_3$试剂及其溶液具有腐蚀性，切勿接触皮肤及衣服。银是重金属，含 Ag^+ 的废液应回收。

2. 临近终点时，滴定速度一定要慢，防止滴入过量 。

七、思考题

1. K_2CrO_4 指示剂的浓度大小对测定 Br^- 有什么影响？
2. 在滴定过程中，如果不充分摇动，对测定结果有什么影响？
3. K_2CrO_4 做指示剂，能否用标准 NaCl 溶液滴定 Ag^+？
4. 莫尔法为什么要在中性或弱碱性条件下进行？

实验 19　氯化钡中钡含量的测定（重量法）

一、实验目的

1. 学习重量分析方法。
2. 掌握重量分析方法测钡的原理和方法。

二、实验原理

Ba^{2+}能生成一系列的难溶化合物，其中 $BaSO_4$ 的溶解度最小，其组成与化学式相符合，摩尔质量较大，性质稳定，符合重量分析对沉淀的要求。因此通常以 $BaSO_4$ 为沉淀形式和称量形式测定 Ba^{2+}。为了获得颗粒较大和纯净的 $BaSO_4$ 晶形沉淀，试样溶于水后加入盐酸酸化，使部分 SO_4^{2-} 成为 HSO_4^-，以降低溶液的相对过饱和度，同时可防止其他弱酸盐，如 $BaCO_3$ 沉淀生成。加热近沸，在不断搅动下缓慢滴加适当过量的沉淀剂稀 H_2SO_4，形成的 $BaSO_4$ 沉淀经沉化、过滤、洗涤、灼烧后，以 $BaSO_4$ 形式称量，即可求得试样中钡的含量。

三、实验试剂

$BaCl_2$ 试样、2 mol/L 盐酸、1 mol/L H_2SO_4 溶液、0.1 mol/L $AgNO_3$ 溶液。

四、实验步骤

1. 在分析天平上准确称取 $BaCl_2$ 试样 0.4～0.5 g，置于 250 mL 烧杯中，加入蒸馏水 100 mL，搅拌溶解（注意：玻璃棒直至过滤、洗涤完毕才能取出）。加入 2 mol/L 盐酸溶液 4 mL，加热近沸（勿使沸腾以免溅失）。

2. 取 4 mL 1 mol/L H_2SO_4，置于小烧杯中，加水 30 mL，加热至近沸，趁热将稀 H_2SO_4 用滴管逐滴加入至试样溶液中，并不断搅拌，搅拌时，玻璃棒不要触及杯壁和杯底，以免划伤烧杯，使沉淀黏附在烧杯壁划痕内难以洗下。沉淀作用完毕，待 $BaSO_4$ 沉淀下沉后，于上层清液中加入稀硫酸 1～2 滴，观察是否有白色沉淀，以检验其沉淀是否完全。盖上表面皿，在沸腾的水浴上陈化半小时，其间要搅动几次，放置冷却后过滤。

3. 将定量滤纸按漏斗角度大小折叠好，使其与漏斗很好的贴合，以水润湿，并使漏斗颈内保持水柱，将漏斗置于漏斗架上，漏斗下面放一只清洁的烧杯，小心地将沉淀上面清液沿玻璃棒倾入漏斗中，在用倾斜法洗涤沉淀 3～4 次，每次用 15～20 mL 洗涤液（3 mL 1.0 mol/L H_2SO_4，用 200 mL 蒸馏水稀释即成），然后将沉淀定量的转移至滤纸上，以洗涤液洗涤沉淀，直到无 Cl^- 为止（$AgNO_3$ 溶液检查）。

4. 取洁净坩埚，在 800～850 ℃下灼烧至恒重后，记下坩埚的质量，将沉淀和滤纸包好后，放入已恒重的坩埚中，在电炉上烘干，炭化后置于马弗炉中，于 800～850 ℃下灼烧至恒重。根据试样和沉淀的质量计算试样中钡的质量分数。

注意事项：

（1）加入稀盐酸酸化，使部分 SO_4^{2-} 成为 HSO_4^-，稍微增大沉淀的溶解度，而降低溶液的过饱和度，同时可防止溶胶作用。

（2）在热溶液中进行沉淀，并不断搅拌，以降低过饱和度，避免局部浓度过高的现象，同时也减小杂质的吸附。

（3）盛滤液的烧杯必须洁净，因为沉淀易穿透滤纸，遇此情况须重新过滤。

(4) Cl^- 是混在沉淀中的主要杂质，当其完全除去时，可认为其他杂质已完全除去。检验方法：用表面皿收集几滴滤液，以 $AgNO_3$ 溶液检验。

五、数据记录与处理

将数据与结果填入表 4-14 中。

表 4-14　氯化钡中钡含量的测定

项　目	编　号		
	Ⅰ	Ⅱ	Ⅲ
试样＋称量瓶/g（倒出前） 试样＋称量瓶/g（倒出后） 氯化钡样品质量/g			
坩埚＋$BaSO_4$ 沉淀质量/g 坩埚质量/g $BaSO_4$ 沉淀质量/g			
ω（Ba）			
平均值 相对平均偏差			

六、思考题

1. 沉淀 $BaSO_4$ 时为什么要在稀溶液中进行？不断搅拌的目的是什么？

2. 为什么沉淀 $BaSO_4$ 时要在热溶液中进行，而在自然冷却后进行过滤？趁热过滤或强制冷却好不好？

3. 本实验中为什么称取 0.4～0.5 g $BaCl_2 \cdot 2H_2O$ 试样？称样过多或过少有什么影响？

实验 20　电位滴定法测定溶液的 pH

一、实验目的

1. 了解酸度计的基本原理。
2. 掌握酸度计的操作方法。
3. 学会直接电势法测定溶液 pH。

二、实验原理

以玻璃电极为指示电极，饱和甘汞电极为参比电极（或二者的复合电极），浸入到溶液中，就组成了原电池。该电池可以表示为：

$Ag,AgCl \mid HCl(0.1\ mol/L) \mid$ 玻璃膜 $\mid H^+(x\ mol/L) \parallel KCl$(饱和) $\mid Hg_2Cl_2$(固)$,Hg$。

玻璃电极　　　　　　　待测溶液　　　　　　饱和甘汞电极

工作电池的电动势可以表示为

$$E = E_0 + 2.3026\frac{RT}{F}\lg c(H^+),$$

式中：E_0——氢电极的标准电势，规定该值等于 0；

R——摩尔气体常数；

T——热力学温度；

F——法拉第常数。

由测得的电动势虽然能计算出待测溶液的 pH，但由于上式中的 E_0 是由内、外参比电极的电势，以及难以计算的不对称电势和液接电势所决定的常数，实际计算困难。在实际应用中，用酸度计测定溶液的 pH 时，经常用已知 pH 的标准缓冲溶液来校正酸度计，确定酸度计参数，校正时应选择与被测溶液的 pH 接近的标准缓冲溶液，以减小在测量中由于液接电势、不对称电势，以及温度变化而引起的误差。校正后的酸度计，可直接测量溶液的 pH。

三、试剂及仪器

标准缓冲溶液、不同 pH 的试样溶液（如自来水、生理盐水、硼砂溶液等）。

酸度计、玻璃电极与饱和甘汞电极（或 pH 复合电极）、100 mL 烧杯。

四、实验步骤

1. 打开电源，预热 15～30 min，调整仪器（调零）。

2. 按照说明书中的操作方法进行操作。摘去电极的橡皮套，并检查电极是否浸入饱和 KCl 溶液中，如未浸入，应补充饱和 KCl 溶液，安装玻璃电极和饱和甘汞电极，如果使用玻璃电极与饱和甘汞电极，应使饱和甘汞电极稍低于玻璃电极，防止杯底及搅拌子碰坏玻璃电极球泡。调节斜率补偿、温度补偿。

3. 用蒸馏水将电极和塑料烧杯冲洗干净，用滤纸或吸水纸将附在电极上的水滴吸干。

4. 用标准缓冲溶液矫正仪器。

5. 用蒸馏水将电极和塑料烧杯冲洗 3～5 次，用滤纸或吸水纸将附在电极上的水滴吸干，测量水溶液，由仪器数字显示或指针读出 pH。

6. 测量完毕后用蒸馏水将电极和塑料烧杯冲洗干净，用滤纸或吸水纸将附在电极上的水滴吸干，按仪器操作说明保存电极。

五、数据处理

1. 用玻璃电极测定不同浓度 HAc 溶液的 pH。

2. 用玻璃电极测定不同浓度氨水溶液的 pH。

六、注意事项

1. 玻璃电极球泡的玻璃膜很薄，容易破损，切忌与硬物碰撞。
2. 实训结束后，检查仪器是否正常，关闭是否正确。

七、思考题

1. 使用酸度计时，为什么要用已知 pH 的标准缓冲溶液校准？校准后，定位调节器能否再动？
2. 玻璃电极或 pH 复合电极在使用前应如何处理？为什么？

实验 21　叶绿体色素的提取分离及其性质鉴定

一、实验目的

1. 学会叶绿体色素提取和分离的方法。
2. 了解叶绿体色素的性质。

二、仪器与药品

1. 层析液配方：石油醚 20 mL＋丙酮 2 mL＋苯 1 mL 。
2. 天平、研钵、烧杯、量筒、滤纸、表面皿、剪刀、90％～95％乙醇、汽油、漏斗、滴管 。
3. 菠菜、木茨等叶子。

三、实验原理

叶绿体含有叶绿体色素，叶绿体色素主要包括有叶绿素 a、叶绿素 b、叶黄素和胡萝卜素，可用有机溶剂乙醇、丙酮等将它们提取出来。纸层析法是分离叶绿体色素最简单的方法。它的原理是利用混合色素中各个成分物理、化学性质的差别，分别以不同程度分布于两相中（即固定相和流动相）。由于它们以不同的速度移动，从而达到分离的目的。

叶绿体色素容易受光的破坏，变成褐色。叶绿体色素具有荧光现象。叶绿素分子的镁可被铜替代，形成铜代叶绿素。叶绿体色素对不同波长的光具有吸收作用。

四、实验方法

1. 纸层析法分离叶绿体色素（方法 1）

（1）称取新鲜叶片（木茨、菜心、菠菜等叶均可）1 g，剪碎，放在研钵中，加乙醇 5 mL，共研磨成匀浆，静置 5 min。

（2）用滴管吸取上面的色素提取液 4～5 滴。一滴一滴地滴在滤纸的中央（滤纸要平放在表面皿或培养皿上）。待色素点风干后，向该色素点上慢慢滴加汽油，使 4 种色素（叶绿素 a、叶绿素 b、叶黄素、胡萝卜素）在滤纸上分离出来，4 种色素在滤纸上的移动速度是胡萝卜素（橙黄色）＞叶黄素（黄色）＞叶绿素 a（蓝绿色）＞叶绿素 b（黄绿色）。

2. 纸层析法分离叶绿体色素（方法 2）

（1）称取 2 g 新鲜绿色叶片，剪碎，放在研钵中，加入 5 mL 乙醇，共研磨成匀浆，过滤，该滤液即为色素提取液。

（2）取一块预先干燥处理过的定性滤纸，将它剪成长约 10 cm ，宽约 1 cm 的滤纸条。

（3）用毛细管吸取色素提取液。在滤纸条的一端（约距这一端的 1 cm 处）划出一条滤液细线，等滤液干燥后，再重复划 4～5 次。

（4）将滤纸条的另一端（约距这一端 1 cm 处）折成“V”字形，并将它挂在放有层析液的烧杯壁上（注意：色素线要略高于层析液面，且滤纸条下端最好不要碰到烧杯壁），盖上培养皿。

（5）经几分钟后，观察色素带的分布，最上端为胡萝卜素，其次是叶黄素，再次是叶绿素 a，最后是叶绿素 b。

3. 叶绿体色素的性质鉴定

（1）叶绿体色素的提取

称取菠菜（或其他植物）叶子 2 g，加入石英砂和碳酸钙少许，加入乙醇约 5 mL，研磨成匀浆，再加乙醇 15 mL，用漏斗过滤，即为色素提取液。

（2）叶绿素的荧光现象

取上述色素乙醇提取液少许于试管中，在反射光和透射光下观察色素提取液的颜色有什么不同。反射光下观察到的溶液颜色 ，即为叶绿素产生的荧光现象。

（3）光对叶绿素的破坏作用

取上述色素乙醇提取液少许，分装在两支试管中，一支试管放在暗处（或用黑纸包裹），另一支试管放在强光下（太阳光），经过 2～3 h 后，观察两支试管中溶液的颜色有什么不同?

（4）铜在叶绿素分子中的替代作用

取上述色素乙醇提取液少许于试管中，1 滴 1 滴地加入盐酸，直至溶液出现褐绿色，此时叶绿素分子已遭破坏，形成去镁叶绿素。然后加入一小粒醋酸铜晶体，慢慢地在酒精灯上加热溶液，使溶液又产生亮绿色，此即表明铜已在叶绿素分子中替代了原来镁的位置。

（5）黄色素和绿色素的分离

将叶绿体色素的酒精提取液 10 mL 倒入分液漏斗中，倾斜漏斗，并沿其壁慢慢加入 15 mL 汽油（或乙醚），轻轻摇动 5 min，静置片刻后，溶液即分为两层，上层为绿色的汽油层，主要含有叶绿素。为使色素分离完全，从分液漏斗放出下层酒精溶液，放入干燥的试管（A）中，再往留在分液漏斗中的汽油层色素溶液加入 95%酒精 5 mL，轻轻摇动，弃去下层黄色溶液，并将上层绿色的叶绿素汽油层提取液放入试管（B）中，用棉花塞住试管口。同样将试管（A）所盛的黄色酒精溶液倒入分液漏斗中，加入汽油 5 mL，轻轻摇动分液漏斗，将下层黄色溶液放入试管（C）中，塞以棉花。最后用分光镜观察绿色溶液和黄色溶液的吸收光谱。

（6）黄色和绿色溶液的吸收光谱的观察

用手持分光镜观察黄色溶液和绿色溶液的吸收光谱。

五、实验报告

1. 将纸层析法分离叶绿体色素的实验结果贴在实验报告纸上，并给予分析。
2. 解释叶绿体色素的光学性质。

六、思考题

1. 叶绿素 a、叶绿素 b、叶黄素和胡萝卜素在滤纸上的分离速度不一样，这与它们的分子量有关吗？
2. 什么叫叶绿素的荧光现象？铜代叶绿素有荧光现象吗？

第五章　综合性实验

实验1　过氧化钙的制备与含量分析

一、实验目的

1. 学习制备过氧化钙的原理及方法。
2. 掌握过氧化钙含量的分析方法。
3. 巩固无机制备及化学分析的基本操作。

二、实验原理

1. 过氧化钙的制备原理

$CaCl_2$ 在碱性条件下与 H_2O_2 溶液反应［或 $Ca(OH)_2$、NH_4Cl 溶液与 H_2O_2 溶液反应］，得到 $CaO_2 \cdot 8H_2O$ 沉淀，反应的化学方程式：

$$CaCl_2 + H_2O_2 + 2NH_3 \cdot H_2O + 6H_2O = CaO_2 \cdot 8H_2O + 2NH_4Cl。$$

2. 过氧化钙含量的测定原理

利用在酸性条件下，过氧化钙与酸反应产生过氧化氢，再用 $KMnO_4$ 标准溶液滴定，而测得其含量，反应的化学方程式：

$$5CaO_2 + 2MnO_4^- + 16H^+ = 5Ca^{2+} + 2Mn^{2+} + 5O_2\uparrow + 8H_2O。$$

三、仪器与试剂

仪器：电子天平、酸式滴定管、滤纸。

试剂：$CaCl_2 \cdot 2H_2O$ 晶体、蒸馏水、30% H_2O_2 溶液、浓氨水、0.1 mol·L^{-1} $MnSO_4$ 溶液、2 mol·L^{-1} 盐酸溶液、$KMnO_4$ 标准溶液、冰块实验对象及材料。

四、实验步骤

1. 过氧化钙的制备

称取 7.5 g $CaCl_2 \cdot 2H_2O$，用 5 mL 水溶解，加入 25 mL 30%的 H_2O_2 溶液，边

搅拌边滴加由 5 mL 浓 $NH_3 \cdot H_2O$ 和 20 mL 冷水配成的溶液，然后置冰水中冷却 0.5 h。抽滤后用少量冷水洗涤晶体 2～3 次，然后抽干置于恒温箱，在 150 ℃下烘 0.5～1 h，转入干燥器中冷却后称重，计算产率。

2. 过氧化钙含量的测定

准确称取 0.2 g 样品于 250 mL 锥形瓶中，加入 50 mL 水和 15 mL 2 $mol \cdot L^{-1}$ 盐酸，振荡使其溶解，再加入 1 mL 0.05 $mol \cdot L^{-1}$ $MnSO_4$，立即用 0.02 $mol \cdot L^{-1}$ 的 $KMnO_4$ 标准溶液滴定溶液呈微红色并且在 30 s 不褪色为止。平行测定 3 次，计算 CaO_2 的质量分数：

$$w(CaO_2)=\frac{5/2c(KMnO_4)\cdot V(KMnO_4)\cdot M(CaO_2)}{m(\text{产品 } CaCl_2\cdot 2H_2O)}\times 100\%。$$

五、注意事项

1. 反应温度以 0～8 ℃为宜，低于 0 ℃，液体易冻结，会使反应较难进行。

2. 抽滤出的晶体是八水合物，先在 60 ℃下烘 0.5 h 形成二水合物，再在 140 ℃下烘 0.5 h，得到无水 CaO_2。

六、思考题

1. 所得产物中的主要杂质是什么？如何提高产品的产率与纯度？

2. CaO_2 产品有哪些用途？

3. $KMnO_4$ 滴定常用 H_2SO_4 调节酸度，而测定 CaO_2 产品时为什么要用 HCl，对测定结果会有影响吗？如何证实？

4. 测定时加入 $MnSO_4$ 的作用是什么？不加可以吗？

实验 2　葡萄糖酸锌的制备与质量分析

一、实验目的

1. 了解锌的生物意义和葡萄糖酸锌的制备方法。

2. 掌握蒸发、浓缩、过滤、重结晶、滴定等操作。

3. 了解葡萄糖酸锌的质量分析方法。

二、实验原理

锌存在于众多的酶系中，如存在于碳酸酐酶、呼吸酶、乳酸脱氢酸、超氧化物歧化酶、碱性磷酸酶、DNA 和 RNA 聚中酶等中，为核酸、蛋白质、碳水化合物的合成和维生素 A 的利用所必需。锌具有促进生长发育，改善味觉的作用。锌缺乏时人会出现味觉、嗅觉差，厌食，生长与智力发育低于正常等现象。

葡萄糖酸锌为补锌药，具有见效快、吸收率高、副作用小等优点，主要用于儿童、老年人、妊娠期妇女因缺锌而引起的生长发育迟缓、营养不良、厌食症、复发性口腔溃疡、皮肤痤疮等症状。

葡萄糖酸锌由葡萄糖酸直接与锌的氧化物或盐制得。本实验采用葡萄糖酸钙与硫酸锌直接反应，反应的化学方程式为$[CH_2OH(CHOH)_4COO]_2Ca+ZnSO_4 = [CH_2OH(CHOH)_4COO]_2Zn+CaSO_4\downarrow$。

过滤除去$CaSO_4$沉淀，溶液经浓缩可得无色或白色葡萄糖酸锌结晶。无味，易溶于水，极难溶于乙醇。

三、仪器及药品

仪器：酸式滴定管（50 mL）、比色管（25 mL）、分析天平。

药品：葡萄糖酸钙、硫酸锌、无水乙醇、EDTA 标准液（0.0500 $mol \cdot L^{-1}$）、铬黑 T 指示剂（取铬黑 T 0.1 g 与磨细的干燥 NaCl 10 g 研匀，配成固体合剂，保存在干燥器中，用时挑取少许即可）、氨-氯化铵缓冲溶液（pH=10.0）、盐酸（3 $mol \cdot L^{-1}$）、标准硫酸钾溶液（硫酸根含量 100 $mg \cdot L^{-1}$）、氯化钡溶液（25%）。

四、实验步骤

1. 萄糖酸锌的制备

量取 40 mL 蒸馏水置于烧杯中，加热至 80～90 ℃，加入 6.7 g $ZnSO_4 \cdot 7H_2O$ 使其完全溶解，将烧杯放在 90 ℃的恒温水浴中，再逐渐加入葡萄糖酸钙 10 g，并不断搅拌。在 90 ℃水浴上保温 20 min 后趁热抽滤（滤渣为$CaSO_4$，弃去），滤液移至蒸发皿中并在沸水浴上浓缩至黏稠状（体积约为 20 mL，如浓缩液有沉淀，需过滤掉）。滤液冷却至室温，加入 95%乙醇 20 mL 并不断搅拌，此时有大量的胶状葡萄糖酸锌析出。充分搅拌后，用倾析法去除乙醇液。再在沉淀上加入 95%乙醇 20 mL，充分搅拌后，沉淀慢慢转变成晶体状，抽滤至干，即得粗品（母液回收）。再将粗品加水 20 mL，加热至溶解，趁热抽滤，滤液冷却至室温，加入 95%乙醇 20 mL 充分搅拌，结晶析出后，抽滤至干，即得精品，在 50 ℃烘干，称重并计算产率。

2. 硫酸盐的检查

取本品 0.5 g，加水溶解成约 20 mL 酸性溶液（溶液如显碱性，可滴加盐酸使成中性）；溶液如不澄清，应滤过；将上述溶液置于 25 mL 比色管中，加入稀盐酸 2 mL，摇匀，即得供试溶液。另取标准硫酸钾溶液 2.5 mL，置于 25 mL 比色管中，加入水形成约 20 mL 溶液，加入稀盐酸 2 mL，摇匀，即得对照溶液。于待测溶液与对照溶液中，分别加入 25%氯化钡溶液 2 mL，用水稀释至 25 mL，充分摇匀，放置 10 min，同置于黑色背景上，从比色管上方向下观察、比较，如发生浑浊，与标准硫酸钾溶液制成的对照液比较，不能浓度更高（0.05%）。

3. 锌含量的测定

准确称取本品约 0.7 g，加水 100 mL，微热使其溶解，加入氨-氯化铵缓冲液（pH=10.0）5 mL 与铬黑 T 指示剂少许，用 EDTA 标准溶液（0.05 mol・L^{-1}）滴定至溶液自紫红色转变为纯蓝色且 30 s 不褪色，平行测定 3 份，计算锌的含量。

五、注意事项

1. 葡萄糖酸钙与硫酸锌反应时间不能过短，保证充分生成硫酸钙沉淀。

2. 抽滤除去硫酸钙后的滤液如果无色，可以不用脱色处理。如果脱色处理，一定要趁热过滤，防止产物过早冷却而析出。

3. 在硫酸根检查试验中，要注意比色管对照管和样品管的配对；两管的操作要平行进行，受光照的程度要一致，光线应从正面照入，置于白色背景（黑色浑浊）或黑色背景（白色浑浊）上，自上而下地观察。

六、思考题

1. 如果选用葡萄糖酸为原料，以下四种含锌化合物应选择哪种？为什么？

A. ZnO　　B. $ZnCl_2$　　C. $ZnCO_3$　　D. Zn（$CH_3COO)_2$

2. 葡萄糖酸锌含量测定结果若不符合规定，可能由哪些原因引起？

实验 3　从绿茶中提取茶多酚

一、目的要求

1. 学会从植物中提取有机物的方法。
2. 熟悉并掌握萃取、浓缩、干燥等基本操作方法。
3. 培养学生的观察能力和动手操作的能力。

二、实验原理

茶多酚又称茶单宁，是一类存在于茶叶中的多羟基酚类化合物的混合物，主要成分是茶素类化合物，可溶于水，是一种天然的抗氧化剂。在弱酸性条件下，茶多酚和氯化锌反应，可较快地沉淀下来。将沉淀溶解后，萃取即可。

三、仪器及试剂

仪器：大烧杯、离心机、玻璃棒、蒸发皿。

试剂：茶叶 300 g、35%硫酸 15 mL、0.4 mol・L^{-1}氯化锌溶液、碳酸氢钠（适

量)、乙酸乙酯 20 mL、纯净水 800～1000 mL。

四、实验内容

1. 将茶叶粉碎成细末后加入大烧杯中，在搅拌下煮沸 1～2 h。
2. 过滤后，在滤液中加入氯化锌沉淀剂，用碳酸氢钠调节 pH 为 6～6.5。
3. 将沉淀用硫酸溶解后，用乙酸乙酯进行萃取，然后蒸发浓缩、真空干燥。

五、数据记录与处理

最终得到黄白色结晶状的茶多酚，称量出它的质量并计算其含量。

六、注意事项

1. 浸泡茶叶时一定要煮沸且时间充足。
2. 干燥过程要在真空中进行。
3. 加入氯化锌沉淀剂时用碳酸氢钠调节 pH 为 6 左右。

七、思考题

1. 为什么氯化锌可作为茶多酚的沉淀剂?
2. 为什么干燥过程要在真空中进行?
3. 为什么沉淀时溶液的 pH 为 6?

实验 4　从橙皮中提取香精油及主要成分鉴定

一、目的要求

1. 了解从橙皮中提取香精油的原理和方法。
2. 掌握水蒸气蒸馏的原理及应用。
3. 了解精油的纯化过程。

二、实验原理

精油是植物组织经水蒸气蒸馏得到的挥发性成分的总称。大部分具有令人愉快的香味，主要组成为单萜类化合物。柠檬、橙子和柚子等水果果皮通过水蒸气蒸馏可得到一种精油，其主要成分（90%以上）是柠檬烯。橙子皮中主要含有橙皮苷、果胶、胡萝卜素、香精油等多种有效成分，它们在食品工业及食品添加剂等方面都具有重要的用途。其中香精油可作为饮料、糖果的矫味剂、赋香剂，在花露水、香水、香醋、牙膏、香皂等日用品中也有广泛的用途。因为香精油具有挥发性、能溶于有机溶剂、温度高易分解的特点，所以采用水蒸气蒸馏法提取，用有机溶剂分离提纯。本实验将橙皮进行水蒸气蒸馏，用二氯甲烷萃取馏出液，然后除去二氯甲烷，留下的残液为香精油。分离得到的产品可以通过测定折射率、旋光度和红外、核磁共振谱进行鉴定，同时用气相色谱分析分离产品的纯度。

三、仪器及试剂

仪器：水蒸气发生器、直形冷凝管、接引管、圆底烧瓶、分液漏斗、蒸馏头、锥形瓶。

试剂：新鲜橙子皮、二氯甲烷、无水硫酸钠。

四、实验内容

1. 水蒸气蒸馏

（1）将 2 ～ 3 个新鲜橙子皮剪成极小的碎片后，放入 100 mL 的三口烧瓶中，加入约 30 mL 水，安装水蒸气蒸馏装置。

（2）松开弹簧夹，加热水蒸气发生器至水沸腾，当三通管的支管口有大量水蒸气冲出时开启冷却水，夹紧弹簧夹，水蒸气蒸馏即开始进行，可观察到在馏出液的水面上有一层很薄的油层。当馏出液收集 60～70 mL 时，松开弹簧夹，然后停止加热。

2. 萃取、 蒸馏除二氯甲烷

（1）将馏出液倒入分液漏斗中，每次用 10 mL 二氯甲烷萃取 3 次。合并萃取液，置于干燥的 50 mL 锥形瓶中，加入适量无水硫酸钠干燥半小时以上。

（2）将干燥好的溶液倒入 50 mL 蒸馏瓶中，用水浴加热蒸馏。当二氯甲烷基本蒸完后改用水泵减压蒸馏以除去残留的二氯甲烷。

3. 测定柠檬烯含量

测定香精油的折光率、比旋光度并用气相层析法测定香精油中柠檬烯的含量。

五、数据记录与处理

记录香精油的产量及柠檬烯的含量。

六、注意事项

1. 橙皮最好是新鲜的，这样做出来的实验效果才好。

2. 产品中的二氯甲烷一定要抽干净，否则会影响产品的纯度。

七、思考题

1. 从橙皮中提取香精油的主要成分是什么?
2. 橙皮如果不新鲜对实验结果会产生怎样的影响?

实验5　饲料中铜含量的测定

一、目的要求

1. 了解饲料中铜含量测定的测定原理。
2. 掌握原子吸收分光光度计的使用方法。
3. 练习标准工作曲线的绘制。

二、实验原理

同一种溶质的溶液，当它的浓度不同时对光波的吸收也不同。在本实验中，当样品分解后导入原子吸收分光光度计，经原子化后，吸收324.8 nm的光波，它的吸收量与铜含量是成正比的。先用已知浓度的标准溶液进行测定，绘制出标准工作曲线，然后在标准工作曲线上找到样品吸光度的位置点，从而查出样品中的铜含量。

三、仪器及试剂

仪器：分析天平、马福炉、坩埚、电炉、100 mL容量瓶、50 mL容量瓶。

试剂：0.5% HNO_3、浓硝酸、50% HNO_3、10 μg/mL铜标准工作溶液。

四、实验内容

1. 样品分解

采用干灰法。准确称取5.0 g的样品置于坩埚中。于电炉上缓慢加热至炭化，然后移入马福炉中，500 ℃下灰化5 h，放冷，取出坩埚，加入1 mL浓硝酸，润湿残渣，用小火蒸干，重新放入马福炉，550 ℃灼烧1 h，取下冷却，加入1 mL 50% HNO_3，加热使灰分溶解，过滤，移入50 mL容量瓶中。用水洗涤坩埚数次，洗液并入容量瓶中，定容至刻度。同时做空白实验。

2. 配制铜标准曲线溶液

准确吸取0 mL、1 mL、2 mL、4 mL、6 mL、8 mL 10 μg/mL铜标准工作溶液，分别加入100 mL容量瓶中，用0.5%的 HNO_3 溶液稀释至刻度。

3. 调节原子吸收分光光度计的各参数

波长 324.8 nm，灯光电流 6 mA，狭缝 0.19 nm，空气流量 9 L/min，乙炔流量 2 L/min，灯头高度 3 mm。

4. 测定

把样品分解液、试剂空白液和各种浓度的铜标准曲线溶液分别导入火焰中进行测定。然后用不同铜含量对应的吸光度绘制标准曲线，从绘制的工作曲线中查出相对应的样品中铜含量。

五、数据记录与处理

样品中铜含量 T（μg/g）：

$$T=\frac{A_1-A_0}{\frac{V_1}{V_2}\times m},$$

式中：A_0——从标准曲线上查得的试剂空白液中的铜含量，单位为 μg；
A_1——从标准曲线上查得的样品液中的铜含量，单位为 μg；
V_1——分解液的总体积，单位为 mL；
V_2——从分解液中分取的体积，单位为 mL；
m——样品的质量，单位为 g。

六、注意事项

1. 在移动热坩埚时要小心，以免灼伤。
2. 在炭化样品时，一定要等烟雾逸散完全后再进行下一步。
3. 铜标准溶液要现用现配。
4. 绘制的工作曲线斜率不能太小，否则外延后将引入较大误差。

七、思考题

1. 样品为什么要进行长时间的炭化处理？
2. 不做空白实验，对结果有何影响？
3. 原子吸收分光光度法的原理是什么？

实验 6　从废定影液中回收银

一、目的要求

1. 熟悉沉淀反应并掌握过滤、高温熔融等操作。

2. 锻炼学生独立思考、善于观察及动手的能力。

二、实验原理

废定影液中的银主要以硫代硫酸银的配合物形式存在的。若直接排放，将会污染环境，危害健康，同时又造成贵重金属银的浪费。

该实验是用硫化钠把废定液中的银沉淀为硫化银，然后再在稀盐酸介质中用铁将硫化银还原为银。

三、仪器与药品

仪器：石墨坩埚、电炉等。

药品：碳酸钠、硫化钠(1＋9) 60 mL、盐酸(1＋1) 60 mL、硼砂、废定影液 600 mL、铁丝、纯水等。

四、实验步骤

1. 在烧杯中加入废定影液 600 mL，加入适量碳酸钠调节 pH 为 8.0 左右，再进行沉淀反应。

2. 将沉淀和铁丝放在一起，加入盐酸后加热溶解，生成银粉。

3. 将烘干后的银粉移入石墨坩埚中，加入约 0.1 g 硼砂及约 1 g 碳酸钠，用焦炭加热至熔融，将熔融的银倒入钢模中即可得到小银锭。

五、注意事项

1. 第二步反应必须在通风橱内进行。

2. 最后一步熔融后，应弃去上层漂浮的杂质。

六、思考题

用铁丝还原银的同时，还有什么反应发生？要注意什么？

附　录

附录1　常用的酸碱的密度和浓度

酸或碱	分子式	密度/(g·mL^{-1})	溶质质量分数	浓度/(mol·L^{-1})
冰醋酸 稀醋酸	CH_3COOH	1.05 1.04	0.995 0.34	17 6
浓盐酸 稀盐酸	HCl	1.18 1.10	0.36 0.20	12 6
浓硝酸 稀硝酸	HNO_3	1.42 1.19	0.72 0.32	16 6
浓硫酸 稀硫酸	H_2SO_4	1.84 1.18	0.96 0.25	18 3
磷酸	H_3PO_4	1.69	0.85	15
浓氨水 稀氨水	$NH_3 \cdot H_2O$	0.90 0.96	0.28～0.30(NH_3) 0.10	15 6
稀氢氧化钠	$NaOH$	1.22	0.20	6

附录2　常用试剂的配制方法

名　称	浓　度 (mol·L^{-1})	配制方法
盐酸	6	浓盐酸496 mL，加水稀释至1000 mL
	3	浓盐酸250 mL，加水稀释至1000 mL
	2	浓盐酸167 mL，加水稀释至1000 mL
硝酸	6	浓硝酸375 mL，加水稀释至1000 mL
	2	浓硝酸127 mL，加水稀释至1000 mL
硫酸	6	浓硫酸333 mL，慢慢倒入500 mL水中，并不断搅拌，最后加水稀释至1000 mL
	2	浓硫酸167 mL，慢慢倒入500 mL水中，并不断搅拌，最后加水稀释至1000 mL

续表

名 称	浓 度 (mol·L⁻¹)	配制方法
醋酸	6	浓醋酸 353 mL，加水稀释至 1000 mL
	2	浓醋酸 118 mL，加水稀释至 1000 mL
氨水	6	浓氨水 400 mL，加水稀释至 1000 mL
	2	浓氨水 133 mL，加水稀释至 1000 mL
氢氧化钠	6	氢氧化钠 250 g 溶于水中，稀释至 1000 mL
	2	氢氧化钠 83 g 溶于水中，稀释至 1000 mL
氢硫酸铵	0.5	将 38 g 硫氢酸铵溶于水中，稀释至 1000 mL
硝酸银	0.1	溶解 17 g 硝酸银与水中，稀释至 1000 mL
高锰酸钾	0.01	溶解 1.6 g 高锰酸钾于水中，稀释至 1000 mL
铁氰化钾	0.1	溶解 33 g 铁氰化钾于水中，稀释至 1000 mL
亚铁氰化钾	0.1	溶解 42 g 亚铁氰化钾于水中，稀释至 1000 mL
碘化钾	0.5	溶解 83 g 碘化钾于水中，稀释至 1000 mL
氢氧化钾	6	将 339 g 氢氧化钾溶于约 200 mL 水中，再加水稀释至 1000 mL
	1	将 56 g 氢氧化钾溶于约 100 mL 水中，再加水稀释至 1000 mL
氢氧化钙	0.05	将 2 g 氢氧化钙置于 1000 mL 水中，搅动，得饱和溶液，过滤，储存于试剂瓶中盖严待用
碘水	0.01	取 2.5 g 碘和 3 g KI，加入尽可能少的水中，搅拌至碘完全溶解，加水稀释至 1000 mL
硫化钠	1	取 240 g $Na_2S \cdot 9H_2O$ 和 40 g NaOH 溶于水中，稀释至 1 L，混匀
硫化氨	3	在 200 mL 浓氨水中通入 H_2S 气体至饱和，再加入 200 mL 浓氨水稀释至 1 L，混匀
碳酸铵	1	将 96 g $(NH_4)_2CO_3$ 研细，溶于 1 L 2 $mol \cdot L^{-1}$氨水中
三氯化铁	1	取 90 g $FeCl_3 \cdot 6H_2O$ 溶于 80 mL 6 $mol \cdot L^{-1}$ HCl 中，加水稀释至 1 L
三氯化铬	0.5	取 44.5 g $CrCl_3 \cdot 6H_2O$ 溶于 40 mL 6 $mol \cdot L^{-1}$ HCl 中，加水稀释至 1 L
硫酸亚铁	0.1	取 69.5 g $FeSO_4 \cdot 7H_2O$ 溶于适量的水中，缓慢加入 5 mL 浓硫酸，再用水稀释至 1 L，并加入数枚小铁钉，以防止氧化
氰化钾	5%	溶解 50 g 氰化钾于水中，稀释至 1000 mL
四苯硼酸钠		3 g 四苯硼酸钠溶于 1000 mL 水中；本液应临用新制
甲基橙		取甲基橙 0.1 g，加蒸馏水 100 mL；溶解后，过滤待用
酚酞		取酚酞 1 g，加 95%乙醇 100 mL 使溶解
荧光黄		取荧光黄 0.1 g，加 95%乙醇 100 mL 溶解后，过滤待用

续表

名 称	浓 度 ($mol \cdot L^{-1}$)	配制方法
曙红		取水溶性曙红 0.1 g，加水 100 mL，溶解后，过滤待用
铬酸钾		取铬酸钾 5 g，加水溶解，稀释至 100 mL
硫酸铁铵		取硫酸铁铵 8 g，加水溶解，稀释至 100 mL
淀粉		取淀粉 0.5 g，加冷蒸馏水 5 mL，搅匀后，缓缓倾入 100 mL 沸蒸馏水中，随加随搅拌，煮沸，至稀薄的半透明液，静置，倾取上层清液待用；本液应临用新制
碘化钾淀粉		取碘化钾 0.5 g，加入新制的淀粉指示液 100 mL，使其溶解；本液配制后 24 h 即不适用
亚硝酰铁氰化钠		溶解 10 g 亚硝酰铁氰化钠于水中，稀释至 1000 mL
亚硝酸钴钠		溶解 150 g 亚硝酸钴钠于水中，加水至 1000 mL
溴水		将 50 g（16 mL）液溴注入有 1 L 水的磨口瓶中，剧烈振荡 2h；每次振荡后将塞子微开，使溴蒸气放出，将清液倒入试剂瓶中备用

附录 3 常用的标准溶液的配制与标定

1. 直接配制的标准溶液

序 号	标准溶液	配制方法
Ⅰ	0.05000 $mol \cdot L^{-1}$ Na_2CO_3	5.300 g 基准 Na_2CO_3 溶于去 CO_2 的蒸馏水中，稀释至 1 L（容量瓶）
Ⅱ	0.05000 $mol \cdot L^{-1}$ $Na_2C_2O_4$	6.700 g 基准 $Na_2C_2O_4$，用蒸馏水溶解，稀释至 1 L（容量瓶）
Ⅲ	0.01700 $mol \cdot L^{-1}$ $K_2Cr_2O_7$	5.001 g 基准 $K_2Cr_2O_7$ 溶于蒸馏水，稀释至 1 L（容量瓶）
Ⅳ	0.02500 $mol \cdot L^{-1}$ As_2O_3	4.946 g 基准 As_2O_3，15 g Na_2CO_3 在加热下溶于 150 mL 蒸馏水中，加 25 mL 0.5 $mol \cdot L^{-1}$ H_2SO_4，稀释至 1 L（容量瓶）
Ⅴ	0.01700 $mol \cdot L^{-1}$ KIO_3	3.638 g 基准 KIO_3 溶于蒸馏水，稀释至 1 L（容量瓶）
Ⅵ	0.01700 $mol \cdot L^{-1}$ $KBrO_3$	2.839 g 基准 $KBrO_3$ 溶于蒸馏水，稀释至 1 L（容量瓶）
Ⅶ	0.10000 $mol \cdot L^{-1}$ NaCl	5.844 g 基准 NaCl 溶于蒸馏水，稀释至 1 L（容量瓶）
Ⅷ	0.01000 $mol \cdot L^{-1}$ $CaCl_2$	一级 $CaCO_3$ 在 110 ℃下干燥，称取 1.001 g，用少量稀 HCl 溶解，煮沸去除 CO_2，稀释至 1 L（容量瓶）

续表

序　号	标准溶液	配制方法
Ⅸ	0.01000 mol・L^{-1} $ZnCl_2$	0.6538 g 基准 Zn 加少量稀 HCl 溶解，加几滴溴水，煮沸去除剩余的溴，稀释至 1 L（容量瓶）
Ⅹ	0.01000 mol・L^{-1} 邻苯二甲酸氢钾	20.423 g 基准邻苯二甲酸氢钾溶于去 CO_2 的蒸馏水中，稀释至 1 L（容量瓶）

2. 需要标定的标准溶液

编　号	标准溶液	配制方法	标定方法
酸碱滴定			
1	0.1 mol・L^{-1} HCl	浓盐酸 10 mL 加水稀释至 1 L	取［Ⅰ］[①] 25 mL，用本溶液滴定，指示剂：甲基橙，近终点时煮沸去除 CO_2，冷却，滴定至终点
2	0.05 mol・L^{-1} $H_2C_2O_4$	6.4 g $H_2C_2O_4 \cdot 2H_2O$ 加水稀释至 1 L	用本表中（3）[②] 滴定，指示剂：酚酞
3	0.1 mol・L^{-1} NaOH	5 g 分析纯 NaOH 溶于 5 mL 蒸馏水中；离心沉降，用干燥的滴管取上层清野，用去 CO_2 的蒸馏水稀释至 1 L	准确称取 2～2.5 g 基准氨基磺酸，用容量瓶稀释至 250 mL，取 25 mL，用本溶液滴定，指示剂：甲基橙；或：取［X］25 mL，加热至沸，加 1～2 滴 1%酚酞指示剂，用本溶液滴定
氧化还原滴定			
4	0.02 mol・L^{-1} $KMnO_4$	约 3.3 g 溶于 1 L 蒸馏水中，煮沸 1～2h，防止过夜，用四号玻璃沙漏斗过滤，贮于棕色瓶中，暗处保存	取［Ⅱ］25 mL 加水 25 mL，9 mol・L^{-1} H_2SO_4 10 mL，加热到 60～70 ℃，用本溶液滴定，近终点时逐滴加入至微红，30 s 不褪色为止
5	0.1 mol・L^{-1} $FeSO_4$	28 g $FeSO_4 \cdot 7H_2O$ 加水 300 mL，浓 H_2SO_4 30 mL，稀释至 1 L	取本溶液 25 mL，加 25 mL 0.5 mol・L^{-1} H_2SO_4，5 mL 85%H_3PO_4，用本表中（4）滴定
6	0.1 mol・L^{-1} $(NH_4)_2Fe(SO_4)_2$	40 g $(NH_4)_2Fe(SO_4)_2 \cdot 6H_2O$ 溶于 300 mL 2 mol・L^{-1} H_2SO_4 中，稀释至 1 L	标定方法同（5）
7	0.05 mol・L^{-1} I_2	12.7 g I_2 加 40 g KI，溶于蒸馏水，稀释至 1 L	a. 本溶液 25 mL，用本表中（8）滴定，指示剂：淀粉 b. 取［Ⅳ］25 mL，稀释一倍，加 1 g $NaHCO_3$，用本溶液滴定，指示剂：淀粉

续表

编　号	标准溶液	配制方法	标定方法
8	0.05 mol·L^{-1} $Na_2S_2O_3$	25 g $Na_2S_2O_3 \cdot 5H_2O$ 用煮沸冷却后的蒸馏水 1 L 溶解，加少量 Na_2CO_3，贮于棕色瓶中，放置 1～2 天标定	25 mL［Ⅲ］加 5 mL 3 mol·L^{-1} H_2SO_4，2 g KI，以本溶液滴定，指示剂：淀粉（要进行空白试验）
9	0.05 mol·L^{-1} $Ce(SO_4)_2$	42 g $Ce(SO_4)_2 \cdot 4H_2O$ 加水 50 mL，浓 H_2SO_4 30 mL，稀释至 1 L	取本表中（5）或（6）加 5 mL H_3PO_4，用本溶液滴定，指示剂：邻菲罗啉-Fe（Ⅱ）
10	0.05 mol·L^{-1} $K_3Fe(CN)_6$	17 g $K_3Fe(CN)_6$ 溶于水，稀释至 1 L，暗处保存	取本溶液 50 mL 加 2 g KI，5 mL 4 mol·L^{-1} 盐酸，用本表中（8）滴定生成的 I_2
11	0.1 mol·L^{-1} $NaNO_2$	称取 7.2 g $NaNO_2$，0.1 g NaOH 及 0.2 g 无水 Na_2CO_3，溶于 1 L 水中	准确称量 0.55～0.6 g 氨基磺酸基准试剂，溶于 200 mL 水及 3 mL $NH_3 \cdot H_2O$ 中，加入 20 mL 盐酸及 1 g KBr，冷却，保持温度 0～5 ℃，用本溶液滴定，近终点时，取出一小滴溶液，以淀粉-KI 试纸试验，至产生明显蓝色，放置 5 min，再试仍产生明显蓝色，即为终点
12	0.05 mol·L^{-1} $NaHSO_3$	5.2 g $NaHSO_3$ 溶于水，稀释至 1 L	取本表中（7）50 mL，加入本溶液 25 mL，放置 5 min，加入 1 mL 浓盐酸，用（8）反滴过剩的 I_2，指示剂：淀粉
13	0.05 mol·L^{-1} $SnCl_2$	80 mL 浓盐酸加 4～5 g $CaCO_3$ 赶走空气，加入 12 g $SnCl_2 \cdot 2H_2O$，稀释至 1 L	20 mL［Ⅴ］加入 2 mL 浓盐酸，立即用本溶液滴定，指示剂：淀粉
14	0.05 mol·L^{-1} 抗坏血酸	8.806 g 抗坏血酸溶于水，稀释至 1 L，加入 0.5 g EDTA 做稳定剂，在 CO_2 气氛中保存	20 mL［Ⅴ］加入 1 g KI，5 mL 2 mol·L^{-1} 盐酸，用本溶液滴定至颜色消失。
		沉淀滴定	
15	0.1 mol·L^{-1} $AgNO_3$	17 g $AgNO_3$ 加水溶解，稀释至 1 L，贮于棕色瓶中，放置暗处保存	25 mL［Ⅶ］加入 25 mL 水，5 mL 2%的糊精，用本溶液滴定，指示剂：荧光黄
16	0.1 mol·L^{-1} KSCN	9.7 g KSCN 溶于煮沸并冷却的水中，稀释至 1 L	取本表中（15）25 mL，加入 5 mL 6 mol·L^{-1} HNO_3，用本溶液滴定，指示剂：$(NH_4)Fe(SO_4)_2 \cdot 12H_2O$ 饱和溶液 1 mL
17	0.1 mol·L^{-1} NH_4SCN	8 g NH_3SCN 溶于水，稀释至 1 L	同上

续表

编号	标准溶液	配制方法	标定方法
18	0.1 mol·L^{-1} $Hg(NO_3)_2$	34 g $Hg(NO_3)_2 \cdot 1/2\ H_2O$ 加入 5 mL 6 mol·L^{-1} HNO_3，加入水溶解，稀释至 1 L	取本溶液 25 mL，5 mL 3 mol·L^{-1} H_2SO_4，在 20 ℃以下用（16）滴定。指示剂：$(NH_4)Fe(SO_4)_2 \cdot 12H_2O$ 饱和溶液 1 mL
19	0.1 mol·L^{-1} $K_4Fe(CN)_6$	42 g $K_4Fe(CN)_6 \cdot 3H_2O$ 溶于水，稀释至 1 L，贮于棕色瓶中，暗处保存	准确称取基准锌 0.15～0.2 g，用 8 mol·L^{-1} $NH_3 \cdot H_2O$ 中和，滴加 8 mol·L^{-1}盐酸至微酸性后，再加入 3 mL。然后加入水 200 mL，煮沸冷却，用本溶液滴定，外部指示剂：钼酸铵溶液
配位滴定			
20	0.01 mol·L^{-1} EDTA	3.8 g EDTA·2Na·$2H_2O$ 溶于水，稀释至 1 L	25 mL［Ⅷ］或［Ⅸ］，加入 1 mol·L^{-1} NaOH 中和，加 3 mL pH10 缓冲液（70 g NH_4Cl，570 mL $NH_3 \cdot H_2O$，稀释至 1 L），1 mL 0.1 mol·L^{-1} Mg—EDTA，用本溶液滴定，指示剂：铬黑 T
21	0.01 mol·L^{-1} $CaCl_2$	1.1 g 无水 $CaCl_2$ 溶于水，稀释至 1 L	同上，用（20）滴定
22	0.01 mol·L^{-1} $MgCl_2$	1.0 g 无水 $MgCl_2$ 溶于水，稀释至 1 L	本溶液 10 mL，用水稀释至 50 mL，加入 2 mL pH10 的缓冲液，用（20）滴定，指示剂：铬黑 T

①［　］为前表中直接配制的标准溶液；

②（　）为本表中需要标定的标准溶液。

附录 4　常用的基准试剂的干燥条件

基准物质	干燥条件/℃
三氧化砷	在硫酸干燥器中干燥至恒重
硝酸银	在 220～250 ℃下干燥至恒重
氢氧化钡	在 105～110 ℃下干燥至恒重
苯甲酸	在 105～110 ℃下干燥至恒重
碳酸钙	在坩埚中加热到 270～300 ℃，干燥至恒重
铜	在硫酸干燥器中干燥至恒重
氨基磺酸	在真空 H_2SO_4 中干燥保存 48 h
邻苯二甲酸氢钾	在 105～110 ℃下干燥至恒重
氯化钾	在 500～600 ℃下灼烧至恒重
碳酸氢钾	在 270～300 ℃干燥至恒重
溴酸钾	在 180 ℃下干燥 1～2 h

续表

基准物质	干燥条件/℃
碘酸钾	在 105～110 ℃下干燥至恒重
重铬酸钾	在 140 ℃下干燥至恒重
氧化镁	在 850 ℃下灼烧至恒重
硼砂	放在装有有 NaCl 和蔗糖饱和溶液的密闭器皿中
氯化钠	在 500～600 ℃下灼烧至恒重
草酸钠	在 105～110 ℃下干燥至恒重
十水合碳酸钠	在 270～300 ℃干燥至恒重
氟化钠	在铂坩埚中加热到 600～650 ℃，灼烧至恒重
碳酸氢钠	在 270～300 ℃干燥至恒重
锌	用 6 $mol \cdot L^{-1}$ 盐酸冲洗表面，再用水、乙醇、丙酮冲洗，在干燥器中放置 24 h
氧化锌	在 900～1000 ℃下灼烧至恒重

附录 5　常用的缓冲溶液

1. 不同温度下标准缓冲溶液的 pH

温度/℃	0.05 $mol \cdot L^{-1}$ 草酸盐	25 ℃饱和酒石酸氢钾	0.05 $mol \cdot L^{-1}$ 邻苯二甲酸盐	0.025 $mol \cdot L^{-1}$ 磷酸盐	0.01 $mol \cdot L^{-1}$ 硼砂	25 ℃饱和氢氧化钙
0	1.666		4.003	6.984	9.464	13.423
5	1.668		3.999	6.951	9.395	13.207
10	1.670		3.998	6.923	9.332	13.003
15	1.672		3.999	6.900	9.276	12.810
20	1.675		4.002	6.881	9.225	12.627
25	1.679	3.557	4.008	6.865	9.180	12.454
30	1.683	3.552	4.015	6.853	9.139	12.289
35	1.688	3.549	4.024	6.844	9.102	12.133
38	1.691	3.548	4.030	6.840	9.081	12.043
40	1.694	3.547	4.035	6.838	9.068	11.984
45	1.700	3.547	4.047	6.834	9.038	11.841
50	1.707	3.549	4.060	6.833	9.011	11.705
55	1.715	3.554	4.075	6.834	8.985	11.574
60	1.723	3.560	4.091	6.836	8.962	11.449
70	1.743	3.580	4.126	6.845	8.921	
80	1.766	3.609	4.164	6.859	8.885	
90	1.792	3.650	4.205	6.877	8.850	
95	1.806	3.674	4.227	6.886	8.833	

2. 常用缓冲溶液的配制

缓冲液	pH	配制方法
乙醇-醋酸铵缓冲液	3.7	取 5 mol·L^{-1}醋酸溶液 15.0 mL，加乙醇 60 mL 和水 20 mL，用 10 mol·L^{-1}氢氧化铵溶液调节 pH 至 3.7，用水稀释至 1000 mL
三羟甲基氨基甲烷缓冲液	8.0	取三羟甲基氨基甲烷 12.14 g，加水 800 mL，搅拌溶解，并稀释至 1000 mL，用 6 mol·L^{-1}盐酸溶液调节 pH 至 8.0
	8.1	取氯化钙 0.294 g，加 0.2 mol·L^{-1}三羟甲基氨基甲烷溶液 40 mL，使其溶解，用 1 mol·L^{-1}盐酸溶液调节 pH 至 8.1，加水稀释至 100 mL
	9.0	取三羟甲基氨基甲烷 6.06 g，加盐酸赖氨酸 3.65 g、氯化钠 5.8 g、乙二胺四醋酸二钠 0.37 g，再加水溶解并稀释至 1000 mL，调节 pH 至 9.0
巴比妥缓冲液	7.4	取巴比妥钠 4.42 g，加水使溶解并稀释至 400 mL，用 2 mol·L^{-1}盐酸溶液调节 pH 至 7.4，过滤
	8.6	取巴比妥 5.52 g 与巴比妥钠 30.9 g，加水溶解并稀释至 2000 mL
甲酸钠缓冲液	3.3	取 2 mol·L^{-1}甲酸溶液 25 mL，加酚酞指示液 1 滴，用 2 mol·L^{-1}氢氧化钠溶液中和，再加入 2 mol·L^{-1}甲酸溶液 75 mL，用水稀释至 200 mL，调节 pH 至 3.25～3.30
邻苯二甲酸盐缓冲液	5.6	取邻苯二甲酸氢钾 10 g，加水 900 mL，搅拌使其溶解，用氢氧化钠试液（必要时用稀盐酸）调节 pH 至 5.6，加水稀释至 1000 mL，混匀
枸橼酸盐缓冲液	6.2	取 2.1%枸橼酸水溶液，用 50%氢氧化钠溶液调节 pH 至 6.2
	4.0	甲液：取枸橼酸 21 g 或无水枸橼酸 19.2 g，加水使其溶解并稀释至 1000 mL，置于冰箱内保存； 乙液：取磷酸氢二钠 71.63 g，加水使其溶解并稀释至 1000 mL； 取上述甲液 61.45 mL 与乙液 38.55 mL 混合，摇匀
氨-氯化铵缓冲液	8.0	取氯化铵 1.07 g，加水使其溶解并稀释至 100 mL，再加稀氨溶液调节 pH 至 8.0
	10.0	取氯化铵 5.4 g，加水 20 mL 溶解后，加浓氯溶液 35 mL，再加水稀释至 100 mL
硼砂-氯化钙缓冲液	8.0	取硼砂 0.572 g 与氯化钙 2.94 g，加水约 800 mL 溶解后，用 1 mol·L^{-1}盐酸溶液约 2.5 mL 调节 pH 至 8.0，加水稀释至 1000 mL
	10.8～11.2	取无水碳酸钠 5.30 g，加水使其溶解并稀释至 1000 mL；另取硼砂 1.91 g，加水使其溶解并稀释至 100 mL；临用前取碳酸钠溶液 973 mL 与硼砂溶液 27 mL 混合，混匀
醋酸盐缓冲液	3.5	取醋酸铵 25 g，加水 25 mL 溶解后，加 7 mol·L^{-1}盐酸溶液 38 mL，用 2 mol·L^{-1}盐酸溶液或 5 mol·L^{-1}氨溶液准确调节 pH 至 3.5（电位法指示），用水稀释至 100 mL
醋酸-醋酸钠缓冲液	3.6	取醋酸钠 5.1 g，加冰醋酸 20 mL，再加水稀释至 250 mL
	3.7	取无水醋酸钠 20 g，加水 300 mL 溶解后，加溴酚蓝指示液 1 mL 及冰醋酸 60～80 mL，至溶液从蓝色转变为纯绿色，再加水稀释至 1000 mL

续表

缓冲液	pH	配制方法
醋酸-醋酸钠缓冲液	3.8	取 2 mol·L^{-1}醋酸钠溶液 13 mL 与 2 mol·L^{-1}醋酸溶液 87 mL，加每 1 mL 含铜 1 mg 的硫酸铜溶液 0.5 mL，再加水稀释至 1000 mL
	4.5	取醋酸钠 18 g，加冰醋酸 9.8 mL，再加水稀释至 1000 mL
	4.6	取醋酸钠 5.4 g，加水 50 mL 使其溶解，用冰醋酸调节 pH 至 4.6，再加水稀释至 100 mL
	6.0	取醋酸钠 54.6 g，加 1 mol·L^{-1}醋酸溶液 20 mL 溶解后，加水稀释至 500 mL
醋酸-醋酸钾缓冲液	4.3	取醋酸钾 14 g，加冰醋酸 20.5 mL，再加水稀释至 1000 mL
醋酸-醋酸铵缓冲液	4.5	取醋酸铵 7.7 g，加水 50 mL 溶解后，加冰醋酸 6 mL，加适量的水稀释至 100 mL
	6.0	取醋酸铵 100 g，加水 300 mL 使其溶解，加冰醋酸 7 mL，摇匀
磷酸盐缓冲液	2.0	甲液：取磷酸 16.6 mL，加水至 1000 mL，摇匀； 乙液：取磷酸氢二钠 71.63 g，加水溶解并稀释至 1000 mL； 取上述甲液 72.5 mL 与乙液 27.5 mL 混合，摇匀
	2.5	取磷酸二氢钾 100 g，加水 800 mL，用盐酸调节 pH 至 2.5，用水稀释至 1000 mL
	5.0	取 0.2 mol·L^{-1}磷酸二氢钠溶液一定量，用氢氧化钠试液调节 pH 至 5.0
	5.8	取磷酸二氢钾 8.34 g 与磷酸氢二钾 0.87 g，加水溶解并稀释至 1000 mL
	6.5	取磷酸二氢钾 0.68 g，加 0.1 mol·L^{-1}氢氧化钠溶液 15.2 mL，用水稀释至 100 mL
	6.6	取磷酸二氢钠 1.74 g、磷酸氢二钠 2.7 g 和氯化钠 1.7 g，加水溶解并稀释至 400 mL
	6.8	取 0.2 mol·L^{-1}磷酸二氢钾溶液 250 mL，加 0.2 mol·L^{-1}氢氧化钠溶液 118 mL，用水稀释至 1000 mL，摇匀
	7.0	取磷酸二氢钾 0.68 g，加 0.1 mol·L^{-1}氢氧化钠溶液 29.1 mL，用水稀释至 100 mL
	7.2	取磷酸二氢钾 0.68 g，加 0.1 mol·L^{-1}氢氧化钠溶液 29.1 mL，用水稀释至 100 mL
	7.3	取磷酸氢二钠 1.9734 g 与磷酸二氢钾 0.2245 g，加水溶解并稀释至 1000 mL，调节 pH 至 7.3
	7.4	取磷酸二氢钾 1.36 g，加 0.1 mol·L^{-1}氢氧化钠溶液 79 mL，用水稀释至 200 mL
	7.6	取磷酸二氢钾 27.22 g，加水溶解并稀释至 1000 mL，取 50 mL，加 0.2 mol·L^{-1}氢氧化钠溶液 42.4 mL，再加水稀释至 200 mL
	7.8	甲液：取磷酸氢二钠 35.9 g，加水溶解，并稀释至 500 mL； 乙液：取磷酸二氢钠 2.76 g，加水溶解，并稀释至 100 mL； 取上述甲液 91.5 mL 与乙液 8.5 mL 混合，摇匀
	7.8～8.0	取磷酸氢二钾 5.59 g 与磷酸二氢钾 0.41 g，加水溶解并稀释至 1000 mL

附录6　常用的无机化合物在水中的溶解度

化合物溶解度	温度/℃					
	0	20	40	60	80	100
$AgC_2H_3O_2$	0.72	1.04	1.41	1.89	2.52	
$AgNO_2$	0.16	0.34	0.73	1.39		
$AgNO_3$	122	216	311	440	585	733
Ag_2SO_4	0.57	0.80	0.98	1.15	1.3	1.41
$AlCl_3$	43.9	45.8	47.3	48.1	48.6	49.0
AlF	85.9	172	203			
AlF_3	0.56	0.67	0.91	1.1	1.32	1.72
$Al(NO_3)_3$	60	73.9	88.7	106	132	160
$Al_2(SO_4)_3 \cdot 18H_2O$	31.2	36.4	45.8	59.2	73	89
As_2O_3	59.5	65.8	71.2	73	75.1	76.7
B_2O_3	1.1	2.2	4	6.2	9.5	15.7
$BaCl_2 \cdot 2H_2O$	31.2	35.8	40.8	46.2	52.5	59.4
$Ba(NO_3)_2$	4.95	9.02	14.1	20.4	27.2	34.4
$Ba(OH)_2$	1.67	3.89	8.22	20.94	101.4	—
$BeSO_4$	37.0	39.1	45.8	53.1	67.2	82.8
$CaBr_2 \cdot 6H_2O$	125	143	213	278	295	312
$Ca(H_2C_3O_2)_2 \cdot 2H_2O$	37.4	34.7	33.2	32.7	33.5	—
$CaCl_2 \cdot 6H_2O$	59.5	74.5	128	137	147	159
CaC_2O_4	4.5	2.25	1.49	0.83		
$Ca(HCO_3)_2$	16.15	16.6	17.05	17.5	17.95	18.4
CaI_2	64.6	67.6	70.8	74	78	81
$Ca(NO_3)_2 \cdot 4H_2O$	102	129	191	—	358	363
$Ca(OH)_2$	0.189	0.173	0.141	0.121	0.094	0.076
$CaSO_4 \cdot 1/2H_2O$	—	0.32	0.26	0.145	—	0.071
$CdCl_2 \cdot H_2O$	—	135	135	136	140	147
$Cl_2$①	1.46	0.716	0.451	0.324	0.219	0
$CO_2$①	0.3346	0.1688	0.0973	0.0576	—	0
$CoCl_2$	43.5	52.9	69.5	93.8	97.6	106
$Co(NO_3)_2$	84	97.4	125	174	204	—
$CoSO_4$	25.5	36.1	48.8	55	53.8	38.9
$CoSO_4 \cdot 7H_2O$	44.8	65.4	88.1	101	—	—
CrO_3	164.9	167.2	172.5	—	191.6	206.8
CsCl	161	187	208	230	250	271
$CuCl_2$	68.6	73	87.6	96.5	104	120
$Cu(NO_3)_2$	83.5	125	163	182	208	247
$CuSO_4 \cdot 5H_2O$	23.1	32	44.6	61.8	83.8	114
$FeCl_2$	49.7	62.5	70	78.3	88.7	94.9
$FeCl_3 \cdot 6H_2O$	74.4	91.8	—	—	525.8	535.7

续表

化合物溶解度	温度/℃					
	0	**20**	**40**	**60**	**80**	**100**
Fe $(NO_3)_2 \cdot 6H_2O$	113	—	—	266	—	—
$FeSO_4 \cdot 7H_2O$	15.6	26.5	40.2			
H_3BO_3	2.67	5.04	8.72	14.81	23.62	40.25
HBr①	221.2	204	—	—	150.5	130
HCl①	82.3	72.6	63.3	56.1	—	—
$H_2C_2O_4$	3.54	9.52	21.52	44.32	84.5	—
$HgBr_2$	0.3	0.56	0.91	1.68	2.77	4.9
$HgCl_2$	3.63	6.57	10.2	16.3	30	61.3
I_2	0.014	0.029	0.056	0.1	0.225	0.445
KBr	53.5	65.3	75.4	85.5	95	104
$KBrO_3$	3.09	6.91	13.1	22.7	34.1	49.9
$KC_2H_3O_2$	216	256	324	350	381	—
$K_2C_2O_4$	25.5	36.4	43.8	53.2	63.6	75.3
KCl	28	34.2	40.1	45.8	51.3	56.3
$KClO_3$	3.3	7.3	13.9	23.8	37.6	56.3
$KClO_4$	0.76	1.68	3.73	7.3	13.4	22.3
KSCN	177	224	289	372	492	675
K_2CO_3	105	111	117	127	140	156
K_2CrO_4	56.3	63.7	67.8	70.1	72.1	75.6
$K_2Cr_2O_7$	4.7	12.3	26.3	45.6	73	80
$K_3Fe(CN)_6$	30.2	46	59.3	70	—	91
$K_4Fe(CN)_6$	14.3	28.2	41.4	54.8	66.9	74.2
$KHCO_3$	22.5	33.7	47.5	65.6	—	—
$KHSO_4$	36.2	48.6	61	76.4	96.1	122
KI	128	144	162	176	192	208
KIO_3	4.6	8.08	12.6	18.3	24.8	32.3
$KMnO_4$	2.83	6.34	12.6	22.1	—	—
KNO_2	279	306	329	348	376	410
KNO_3	13.9	31.6	61.3	106	167	245
KOH	95.7	112	134	154	—	178
KSCN	177	224	289	372	492	675
K_2PtCl_6	0.48	0.78	1.36	2.45	3.71	5.03
K_2SO_4	7.4	11.1	14.8	18.2	21.4	24.1
$K_2S_2O_8$	1.65	4.7	11	—	—	—
$KAl(SO_4)_2 \cdot 12H_2O$	3	5.9	11.7	24.8	71	—
LiCl	69.2	83.5	89.8	98.4	112	128
Li_2CO_3	1.54	1.33	1.17	1.01	0.85	0.72
LiOH	11.91	12.35	13.22	14.63	16.56	19.12
$MgBr_2$	98	101	106	112	113.7	125
$MgCl_2$	52.9	54.6	57.5	61	66.1	73.3
MgI_2	120	140	173	—	186	—

续表

化合物溶解度	温度/℃					
	0	20	40	60	80	100
$Mg(NO_3)_2$	62.1	69.5	78.9	78.9	91.6	—
$MgSO_4$	22	33.7	44.5	54.6	55.8	50.4
$MnCl_2$	63.4	73.9	88.5	109	113	115
$Mn(NO_3)_2$	102	139	—	—	—	—
$MnSO_4$	52.9	62.9	60	53.6	45.6	35.3
NH_4Br	60.5	76.4	91.2	108	125	145
NH_4SCN	120	170	234	346	—	—
$(NH_4)_2C_2O_4$	2.2	4.45	8.18	14	22.4	34.7
NH_4Cl	29.4	37.2	45.8	55.3	65.6	77.3
NH_4ClO_4	12	21.7	34.6	49.9	68.9	—
$(NH_4)_2 \cdot Co(SO_4)_2$	6	13	22	33.5	49	75.1
$(NH_4)_2CrO_4$	25	34	45.3	59	76.1	—
$(NH_4)_2Cr_2O_7$	18.2	35.6	58.5	86	115	156
$(NH_4)_2 \cdot Cr_2(SO_4)_4$	3.95	10.78	32.6	—	—	—
$(NH_4)_2 \cdot Fe(SO_4)_2$	12.5	—	33	—	—	—
NH_4HCO_3	11.9	21.7	36.6	59.2	109	354
$NH_4H_2PO_4$	22.7	37.4	56.7	82.5	118	173
$(NH_4)_2HPO_4$	42.9	68.9	81.8	97.2	—	—
NH_4I	155	172	191	209	229	250
NH_4MgPO_4	0.0231	0.052	0.036	0.04	0.019	0.0195
NH_4NO_3	118.3	192	297	421	580	871
$(NH_4)_2PtCl_6$	0.289	0.499	0.815	1.44	2.16	3.36
$(NH_4)_2SO_4$	70.6	75.4	81	88	95	103
$(NH_4)_2SO_4 \cdot Al_2(SO_4)_3$	2.1	7.74	14.9	26.7	—	109.7
$(NH_4)_2S_2O_8$	58.2	—	—	—	—	—
$(NH_4)_3SbS_4$	71.2	91.2	—	—	—	—
NH_4VO_3	—	0.48	1.32	2.42	—	—
$NaBr$	80.2	90.8	107	118	120	121
$Na_2B_4O_7$	1.11	2.56	6.67	19	31.4	52.5
$NaBrO_3$	27.5	36.4	48.8	62.6	75.7	90.9
$NaC_2H_3O_2$	36.2	46.4	65.6	139	153	170
$Na_2C_2O_4$	2.69	3.41	4.18	4.93	5.71	6.5
$NaCl$	35.7	35.9	36.4	37.1	38	39.2
$NaClO_3$	79.6	95.9	115	137	167	204
Na_2CO_3	7.1	21.5	49.0	46.0	45.8	45.5
Na_2CrO_4	31.7	84.0	96.0	115	125	126
$Na_2Cr_2O_7$	163	183	215	269	376	415
$Na_4Fe(CN)_6$	11.2	18.8	29.9	43.7	62.1	—
$NaHCO_3$	7.0	9.6	12.7	16.4	—	—
NaH_2PO_4	56.5	86.9	133	172	211	—
Na_2HPO_4	1.68	7.83	55.3	82.8	92.3	104

续表

化合物溶解度	温度/℃					
	0	20	40	60	80	100
NaI	159	178	205	257	295	302
$NaIO_3$	2.48	8.08	13.3	19.8	26.6	33
$NaNO_3$	73	87.6	102	122	148	180
$NaNO_2$	71.2	80.8	94.9	111	133	160
NaOH	42	109	129	174	—	347
Na_3PO_4	4.5	12.1	20.2	29.9	60.0	77.0
$Na_4P_2O_7$	3.16	6.23	13.5	21.83	30.04	40.26
Na_2S	9.6	15.7	26.6	39.1	55	—
Na_2SO_3	14.4	26.3	37.2	32.6	29.4	—
Na_2SO_4	4.9	19.5	48.8	45.3	43.7	42.5
$Na_2SO_4 \cdot 7H_2O$	19.5	44.1	—	—	—	—
$Na_2S_2O_3 \cdot 5H_2O$	50.2	70.1	104	—	—	—
$NaVO_3$	—	19.3	26.3	33	40.8	—
Na_2WO_4	71.5	73	77.6	—	90.8	—
$NiCl_2$	53.4	60.8	73.2	81.2	86.6	87.6
$Ni(NO_3)_2$	79.2	94.2	119	158	187	—
$NiSO_4 \cdot 7H_2O$	26.2	37.7	50.4	—	—	—
$Pb(C_2H_3O_2)_2$	19.8	44.3	116	—	—	—
$PbCl_2$	0.67	1	1.42	1.94	2.54	3.2
$Pb(NO_2)_2$	37.5	54.3	72.1	91.6	111	133
$PbSO_4$	0.0028	0.0041	0.0056	—	—	—
$SbCl_3$	602	910	1368	—		
$SnCl_2$	83.9	259.8	—	—	—	—
$SnSO_4$	—	33	—	—	—	18
$Sr(C_2H_3O_2)_2$	37	41.1	38.3	36.8	36.1	36.4
$SrCl_2$	43.5	52.9	65.3	81.8	90.5	101
$Sr(NO_2)_2$	52.7	65	79	97	130	139
$Sr(NO_3)_2$	39.5	69.5	89.4	93.4	96.9	—
$Sr(OH)_2$	0.91	1.77	3.95	8.42	20.2	91.2
$ZnCl_2$	389	446	591	618	645	672
$Zn(NO_3)_2$	98	118.3	211	—	—	—
$ZnSO_4$	41.6	53.8	70.5	75.4	71.1	60.5

注：溶解度是固体及少量液体物质在压力为 1.01325×10^5 Pa、一定温度下，100 g 溶剂里溶解的最大量，单位是“g/100 g H_2O”。

①常温常压下为气态。

附录 7　元素相对原子质量表

元素	符号	相对原子质量	元素	符号	相对原子质量	元素	符号	相对原子质量
锕	Ac	227.0278	铪	Hf	178.49	铷	Rb	85.4678
银	Ag	107.8682	汞	Hg	200.59	铼	Re	186.207
铝	Al	26.98154	钬	Ho	164.93032	铑	Rh	102.90550
氩	Ar	39.948	碘	I	126.90447	钌	Ru	101.07
砷	As	74.92159	铟	In	114.82	硫	S	32.066
金	Au	196.96654	铱	Ir	192.22	锑	Sb	121.75
硼	B	10.811	钾	K	39.0983	钪	Sc	44.95591
钡	Ba	137.327	氪	Kr	83.80	硒	Se	78.96
铍	Be	9.01218	镧	La	138.9055	硅	Si	28.0855
铋	Bi	208.98037	锂	Li	6.941	钐	Sm	150.36
溴	Br	79.904	镥	Lu	174.967	锡	Sn	118.710
碳	C	12.011	镁	Mg	24.3050	锶	Sr	87.62
钙	Ca	40.078	锰	Mn	54.9380	钽	Ta	180.9479
镉	Cd	112.411	钼	Mo	95.94	铽	Tb	158.92534
铈	Ce	140.115	氮	N	14.00674	锝	Tc	98.9062
氯	Cl	35.4527	钠	Na	22.98977	碲	Te	127.60
钴	Co	58.93320	铌	Nb	92.90638	钍	Th	232.0381
铬	Cr	51.9961	钕	Nd	144.24	钛	Ti	47.88
铯	Cs	132.90543	氖	Ne	20.1797	铊	Tl	204.3833
铜	Cu	63.546	镍	Ni	58.69	铥	Tm	168.93421
镝	Dy	162.50	镎	Np	237.0482	铀	U	238.289
铒	Er	167.26	氧	O	15.9994	钒	V	50.9415
铕	Eu	151.965	锇	Os	190.2	钨	W	183.85
氟	F	18.99840	磷	P	30.97376	氙	Xe	131.29
铁	Fe	55.847	镤	Pa	231.03588	钇	Y	88.90585
镓	Ga	69.723	铅	Pb	207.2	镱	Yb	173.04
钆	Gd	157.25	钯	Pd	106.42	锌	Zn	65.39
锗	Ge	72.61	镨	Pr	140.90765	锆	Zr	91.224
氢	H	1.00794	铂	Pt	195.08			
氦	He	4.00260	镭	Ra	226.0254			

附录 8　化合物的相对分子质量表

化合物	相对分子质量	化合物	相对分子质量	化合物	相对分子质量
Ag_3AsO_4	462.52	$Ca(NO_3)_2$	164.09	CH_3OH	32.04
$AgBr$	187.78	CaO	56.08	CH_3COONa	82.034
$AgCl$	143.32	$Ca(OH)_2$	74.09	$CH_3COONa\cdot 3H_2O$	136.08
$AgCN$	133.84	$CaSO_4$	136.14	$C_4H_8N_2O_2$(丁二酮圬)	116.12
$AgSCN$	165.95	CCl_4	153.81	$CH_3\cdot CO\cdot CH_3$	58.08
Ag_2CrO_4	331.73	$CdCO_3$	172.42	$C_6H_5\cdot COOH$	122.12
AgI	234.77	$CdCl_2$	183.32	$C_6H_5\cdot COONa$	144.10
$AgNO_3$	169.87	CdS	144.47	$C_6H_4\cdot COOH\cdot COOK$(苯二甲酸氢钾)	204.22
$AlCl_3$	133.34	$Ce(SO_4)_2$	332.24		
$AlCl_3\cdot 6H_2O$	241.43	$Ce(SO_4)\cdot 4H_2O$	404.30	$CH_3\cdot COONa$	82.03
$Al(NO_3)_3$	213.00	$Ce(SO_4)_2\cdot 2(NH_4)_2SO_4\cdot 2H_2O$	632.54	C_6H_5OH	94.11
$AlNO_3\cdot 9H_2O$	375.13			$(C_9H_7N)_3H_3(PO_4\cdot 12MoO_2)$(磷钼酸喹啉)	2212.74
Al_2O_3	101.96	CO_2	44.01		
$Al(OH)_3$	78.00	$CoCl_2$	129.84	$FeCl_2$	126.75
$Al_2(SO_4)_3$	342.15	$CoCl_2\cdot 6H_2O$	237.93	$FeCl_2\cdot 4H_2O$	198.81
$Al_2(SO_4)_3\cdot 18H_2O$	666.41	$Co(NO_3)_2$	182.94	$FeCl_3$	162.21
As_2O_3	197.84	$Co(NO_3)_2\cdot 6H_2O$	291.03	$FeCl_3\cdot 6H_2O$	270.30
As_2O_5	229.84	CoS	90.99	$FeNH_4(SO_4)_2\cdot 12H_2O$	482.18
As_2S_3	246.02	$CoSO_4$	154.99	$Fe(NO_3)_3$	241.86
$BaCO_3$	197.34	$CoSO_4\cdot 7H_2O$	281.10	$Fe(NO_3)_3\cdot 9H_2O$	404
BaC_2O_4	225.35	$Co(NH_2)_2$	60.06	FeO	71.85
$BaCl_2$	208.23	$CrCl_3$	158.35	Fe_2O_3	159.69
$BaCl_2\cdot 2H_2O$	244.26	$CrCl_3\cdot 6H_2O$	266.45	Fe_3O_4	231.54
$BaCrO_4$	253.32	$Cr(NO_3)_3$	238.01	$FeSO_4\cdot H_2O$	169.93
BaO	153.33	Cr_2O_3	151.99	$FeSO_4\cdot 7H_2O$	278.02
$Ba(OH)_2$	171.35	$CuCl$	98.999	$Fe_2(SO_4)_3$	399.89
$BaSO_4$	233.39	$CuCl_2$	134.45	$FeSO_4\cdot (NH_4)_2SO_4\cdot 6H_2O$	392.14
$BiCl_3$	315.34	$CuCl_2\cdot 2H_2O$	170.48		
$BiOCl_3$	260.43	$CuSCN$	121.62	H_3AsO_3	125.94
$CaCO_3$	100.09	CuI	190.45	H_3AsO_4	141.94
CaC_2O_4	128.10	$Cu(NO_3)_2$	187.56	H_3BO_3	61.83
$CaCl_2$	110.98	$Cu(NO_3)_2\cdot 3H_2O$	241.60	HBr	80.91
$CaCl_2\cdot 6H_2O$	219.08	CuO	79.54	$H_6C_4O_6$	150.09
$Ca(NO_3)_2\cdot 4H_2O$	236.15	Cu_2O	143.09	HCN	27.03
$Ca(OH)_2$	74.09	$CuSO_4$	159.60	H_2CO_3	62.03
$Ca_3(PO_4)_2$	310.18	$CuSO_4\cdot 5H_2O$	249.68	$H_2C_2O_4$	90.04
CaF_2	78.07	CH_3COOH	60.05	$H_2C_2O_4\cdot 2H_2O$	126.07

续表

化合物	相对分子质量	化合物	相对分子质量	化合物	相对分子质量
$HCOOH$	46.03	$K_3Fe(CN)_6$	329.25	NH_4SCN	76.12
H_2CO_3	62.025	$K_4Fe(CN)_6$	368.35	NH_4HCO_3	79.055
$H_2C_2O_4$	90.035	$KFe(SO_4)_2\cdot 12H_2O$	503.24	$(NH_4)_2MoO_4$	196.01
$H_2C_2O_4\cdot 2H_2O$	126.07	$KHC_4H_4O_3$	188.18	NH_4NO_3	80.043
HCl	36.46	$KHSO_4$	136.16	$(NH_4)_2HPO_4$	132.06
$HClO_4$	100.46	$KHC_2O_4\cdot H_2C_2O_4\cdot 2H_2O$	254.19	$(NH_4)_3PO_4\cdot 12MoO_3$	1876.3
HF	20.01	$KHC_2O_4\cdot H_2O$	146.14	$(NH_4)_2S$	68.14
HI	127.91	KI	166.01	$(NH_4)_2SO_4$	132.13
HIO_3	175.91	KIO_3	214.00	NH_4VO_3	116.98
HNO_2	47.01	$KIO_3\cdot HIO_3$	389.92	Na_3AsO_3	191.89
HNO_3	63.01	$KNaC_4H_4O_6\cdot 4H_2O$	282.22	$Na_2B_4O_7$	201.22
H_2O	18.02	$KMnO_4$	158.04	$Na_2B_4O_7\cdot 10H_2O$	381.37
H_2O_2	34.02	KNO_3	101.10	$NaBiO_3$	279.97
H_3PO_4	98.00	KNO_2	85.10	$NaCN$	49.007
H_2S	34.08	K_2O	92.20	$NaSCN$	81.07
H_2SO_3	82.07	KOH	56.11	Na_2CO_3	105.99
H_2SO_4	98.07	$KSCN$	97.18	$Na_2CO_3\cdot 10H_2O$	286.14
$Hg(CN)_2$	252.63	K_2SO_4	174.26	$Na_2C_2O_4$	134.00
$HgCl_2$	271.50	$MgCO_3$	84.32	$NaCl$	58.443
Hg_2Cl_2	472.09	$MgCl_2$	95.21	$NaClO$	74.443
HgI_2	454.40	$MgCl_2\cdot 6H_2O$	203.30	$NaHCO_3$	84.007
$Hg_2(NO_3)_2$	525.19	MgC_2O_4	112.33	$Na_2HPO_4\cdot 12H_2O$	356.14
$Hg_2(NO_3)_2\cdot 2H_2O$	561.22	$Mg(NO_3)_2\cdot 6H_2O$	256.41	$Na_2H_2Y\cdot 2H_2O$	372.24
$Hg(NO_3)_2$	324.60	$MgNH_4PO_4$	137.33	$NaNO_2$	68.995
HgO	216.59	MgO	40.31	$NaNO_3$	84.995
HgS	232.65	$Mg_2P_2O_7$	222.60	Na_2O	61.979
$HgSO_4$	296.65	MnO	70.94	Na_2O_2	77.978
Hg_2SO_4	497.24	MnO_2	86.94	$NaOH$	39.997
$KAl(SO_4)_2\cdot 12H_2O$	474.39	MnS	87.00	Na_3PO_4	163.94
$KB(C_6H_5)_4$	358.33	$MnSO_4$	151.00	Na_2S	78.04
KBr	119.01	$MnSO_4\cdot 4H_2O$	223.06	$Na_2S\cdot 9H_2O$	240.18
$KBrO_3$	167.01	NO	30.006	Na_2SO_3	126.04
KCN	65.12	NO_2	46.006	Na_2SO_4	142.04
K_2CO_3	138.21	NH_3	17.03	$Na_2S_2O_3$	158.10
KCl	74.56	CH_3COONH_4	77.083	$Na_2S_2O_3\cdot 5H_2O$	248.17
$KClO_3$	122.55	NH_4Cl	53.491	$Ni(C_4H_7N_2O_2)_2$	288.91
$KClO_4$	138.55	$(NH_4)_2CO_3$	96.086	$NiCl_2\cdot 6H_2O$	237.69
K_2CrO_4	194.20	$(NH_4)_2C_2O_4$	124.10	NiO	74.69
$K_2Cr_2O_7$	294.19	$(NH_4)_2C_2O_4\cdot H_2O$	142.11	$Ni(NO_3)_2\cdot 6H_2O$	290.79

续表

化合物	相对分子质量	化合物	相对分子质量	化合物	相对分子质量
NiS	90.75	$Pb(CH_3COO)_2\cdot3H_2O$	379.30	$Sr(NO_3)_2$	211.63
$NiSO_4\cdot6H_2O$	280.85	PbI_2	461.00	$Sr(NO_3)_2\cdot4H_2O$	283.69
NiO	74.69	SO_2	64.06	$SrSO_4$	183.68
$Ni(NO_3)_2\cdot6H_2O$	290.79	SO_3	80.06	$UO_2(CH_3COO)_2\cdot2H_2O$	424.15
NiS	90.75	$SbCl_3$	228.11		
$NiSO_4\cdot7H_2O$	280.85	$SbCl_5$	299.02	$ZnCO_3$	125.39
P_2O_5	141.95	Sb_2O_3	291.50	ZnC_2O_4	153.40
$PbCO_3$	267.20	Sb_2S_3	339.70	$ZnCl_2$	136.30
PbC_2O_4	295.22	SiF_4	104.08	$Zn(CH_3COO)_2$	183.47
$PbCl_2$	278.10	SiO_2	60.08	$Zn(CH_3COO)_2\cdot2H_2O$	219.50
$Pb(NO_3)_2$	331.20	$SnCO_3$	178.72	$Zn(NO_3)_2$	189.39
PbO	223.20	$SnCl_2$	189.62	$Zn(NO_3)_2\cdot6H_2O$	297.48
PbO_2	239.20	$SnCl_2\cdot2H_2O$	225.63	ZnO	81.39
Pb_3O_4	685.57	$SnCl_4$	260.50	ZnS	97.44
$Pb_3(PO_4)_2$	811.54	$SnCl_4\cdot5H_2O$	350.80	$Zn_2P_2O_7$	304.72
PbS	239.30	SnO_2	150.71	$ZnSO_4$	161.45
$PbSO_4$	303.26	SnS	150.75	$ZnSO_4\cdot7H_2O$	287.54
$PbCrO_4$	323.18	$SrCO_3$	147.63		
$Pb(CH_3COO)_2$	325.30	SrC_2O_4	175.64		

附录9　常见的弱酸、碱在水中的解离常数（25 ℃）

1. 常见的弱酸在水中的离解常数

序　号	名　称	化学式	K_a	pK_a
1	偏铝酸	$HAlO_2$	6.3×10^{-13}	12.20
2	砷酸	H_3AsO_4	6.3×10^{-3} （K_{a1}）	2.20
			1.0×10^{-7} （K_{a2}）	7.00
			3.2×10^{-12} （K_{a3}）	11.50
3	亚砷酸	$HAsO_3$	6.0×10^{-10}	9.22
4	硼酸	H_3BO_3	5.8×10^{-10} （K_{a1}）	9.24
			1.8×10^{-13} （K_{a2}）	12.74
			1.6×10^{-14} （K_{a3}）	13.80
5	焦硼酸	$H_2B_4O_7$	1.0×10^{-4} （K_{a1}）	4
			1.0×10^{-9} （K_{a2}）	9
6	次溴酸	HBrO	2.4×10^{-9}	8.62
7	碳酸	H_2CO_3 （CO_2+H_2O）	4.2×10^{-7} （K_{a1}）	6.38
			5.6×10^{-11} （K_{a2}）	10.25
8	次氯酸	HClO	3.2×10^{-8}	7.50

续表

序号	名称	化学式	K_a	pK_a
9	氢氰酸	HCN	6.2×10^{-10}	9.21
10	铬酸	H_2CrO_4	1.8×10^{-1} (K_{a1})	0.74
			3.2×10^{-7} (K_{a2})	6.50
11	氢氟酸	HF	6.6×10^{-4}	3.18
12	锗酸	H_2GeO_3	1.7×10^{-9} (K_{a1})	8.78
			1.9×10^{-13} (K_{a2})	12.72
13	高碘酸	HIO_4	2.8×10^{-2}	1.56
14	亚硝酸	HNO_2	5.1×10^{-4}	3.29
15	过氧化氢	H_2O_2	1.8×10^{-12}	11.75
16	磷酸	H_3PO_4	7.6×10^{-3} (K_{a1})	2.12
			6.3×10^{-8} (K_{a2})	7.2
			4.4×10^{-13} (K_{a3})	12.36
17	次磷酸	H_3PO_2	5.9×10^{-2}	1.23
18	焦磷酸	$H_4P_2O_7$	3.0×10^{-2} (K_{a1})	1.52
			4.4×10^{-3} (K_{a2})	2.36
			2.5×10^{-7} (K_{a3})	6.60
			5.6×10^{-10} (K_{a4})	9.25
19	亚磷酸	H_3PO_3	5.0×10^{-2} (K_{a1})	1.30
			2.5×10^{-7} (K_{a2})	6.60
20	氢硫酸	H_2S	1.3×10^{-7} (K_{a1})	6.88
			7.1×10^{-15} (K_{a2})	14.15
21	硫酸	H_2SO_4	1.0×10^{-2} (K_{a1})	1.99
22	硫代硫酸	$H_2S_2O_3$	2.52×10^{-1} (K_{a1})	0.60
			1.9×10^{-2} (K_{a2})	1.72
23	亚硫酸	H_3SO_3 (SO_2+H_2O)	1.3×10^{-2} (K_{a1})	1.90
			6.3×10^{-8} (K_{a2})	7.20
24	氢硒酸	H_2Se	1.3×10^{-4} (K_{a1})	3.89
			1.0×10^{-11} (K_{a2})	11.0
25	亚硒酸	H_2SeO_3	2.7×10^{-3} (K_{a1})	2.57
			2.5×10^{-7} (K_{a2})	6.60
26	硒酸	H_2SeO_4	1×10^{3} (K_{a1})	3
			1.2×10^{-2} (K_{a2})	1.92
27	硅酸	H_2SiO_3	1.7×10^{-10} (K_{a1})	9.77
			1.6×10^{-12} (K_{a2})	11.80
28	偏硅酸	H_2SiO_3	1.7×10^{-10} (K_{a1})	9.77
			1.6×10^{-12} (K_{a2})	11.8
29	亚碲酸	H_2TeO_3	2.7×10^{-3} (K_{a1})	2.57
			1.8×10^{-8} (K_{a2})	7.74

2. 常见的弱碱在水中的离解常数（25 ℃、I=0）

序　号	名　称	化学式	K_a	pK_b
1	氢氧化铝	$Al(OH)_3$	1.38×10^{-9}	8.86
2	氢氧化银	$AgOH$	1.10×10^{-4}	3.96
3	氢氧化钙	$Ca(OH)_2$	3.72×10^{-3}	2.43
			3.98×10^{-2}	1.40
4	氨水	NH_3+H_2O	1.78×10^{-5}	4.75
5	肼（联氨）	$N_2H_4+H_2O$	9.55×10^{-7} （K_1） 1.26×10^{-15} （K_2）	6.02 14.9
6	羟氨	NH_2OH+H_2O	9.12×10^{-9}	8.04
7	氢氧化铅	$Pb(OH)_2$	9.55×10^{-4} （K_1） 3.0×10^{-8} （K_2）	3.02 7.52
8	氢氧化锌	$Zn(OH)_2$	9.55×10^{-4}	3.02

参考文献

[1] 蒋碧茹，潘润生. 无机化学实验 [M]. 北京：高等教育出版社，1999.

[2] 北京师范大学无机化学教研室. 无机化学实验 [M]. 3 版. 北京：高等教育出版社，2001.

[3] 南京大学《无机及分析化学实验》编写组. 无机及分析化学实验 [M]. 4 版. 北京：高等教育出版社，2010.

[4] 南京大学化学实验教学组. 大学化学实验 [M]. 北京：高等教育出版社，1999.

[5] 大连理工大学无机化学教研室. 无机化学实验 [M]. 2 版. 北京：高等教育出版社，2004.

[6] 魏琴，盛永丽. 无机及分析化学实验 [M]. 北京：科学出版社，2008.